生産管理

多様性と効率性に応える生産方式とその計画管理

一般社団法人 日本品質管理学会 監修
髙橋　勝彦　著

日本規格協会

JSQC選書
JAPANESE SOCIETY FOR QUALITY CONTROL
32

JSQC 選書刊行特別委員会

（50 音順，敬称略，所属は発行時）

●執筆者●

髙橋　勝彦　広島大学大学院先進理工系科学研究科

発刊に寄せて

日本の国際競争力は，BRICsなどの目覚しい発展の中にあって，停滞気味である．また近年，社会の安全・安心を脅かす企業の不祥事や重大事故の多発が大きな社会問題となっている．背景には短期的な業績思考，過度な価格競争によるコスト削減偏重のものづくりやサービスの提供といった経営のあり方や，また，経営者の倫理観の欠如によるところが根底にあろう．

ものづくりサイドから見れば，商品ライフサイクルの短命化と新製品開発競争，採用技術の高度化・複合化・融合化や，一方で進展する雇用形態の変化等の環境下，それらに対応する技術開発や技術の伝承，そして品質管理のあり方等の問題が顕在化してきていることは確かである．

日本の国際競争力強化は，ものづくり強化にかかっている．それは，“品質立国”を再生復活させること，すなわち“品質”世界一の日本ブランドを復活させることである．これは市場・経済のグローバル化のもとに，単に現在のグローバル企業だけの課題ではなく，国内型企業にも求められるものであり，またものづくり企業のみならず広義のサービス産業全体にも求められるものである．

これらの状況を認識し，日本の総合力を最大活用する意味で，産官学連携を強化し，広義の“品質の確保”，“品質の展開”，“品質の創造”及びそのための“人の育成”，“経営システムの革新”が求められる．

“品質の確保”はいうまでもなく，顧客及び社会に約束した質と価値を守り，安全と安心を保証することである．また“品質の展開”は，ものづくり企業で展開し実績のある品質の確保に関する考え方，理論，ツール，マネジメントシステムなどの他産業への展開であり，全産業の国際競争力を底上げするものである．そして“品質の創造”とは，顧客や社会への新しい価値の開発とその提供であり，さらなる国際競争力の強化を図ることである．これらは数年前，(社)日本品質管理学会の会長在任中に策定した中期計画の基本方針でもある．産官学が連携して知恵を出し合い，実践して，新たな価値を作り出していくことが今ほど求められる時代はないと考える．

ここに，(社)日本品質管理学会が，この趣旨に準じて『JSQC選書』シリーズを出していく意義は誠に大きい．“品質立国”再構築によって，国際競争力強化を目指す日本全体にとって，『JSQC選書』シリーズが広くお役立ちできることを期待したい．

2008年9月1日

社団法人経済同友会代表幹事
株式会社リコー代表取締役会長執行役員
(元 社団法人日本品質管理学会会長)

桜井　正光

まえがき

顧客に対して製品やサービスを提供する製造業やサービス業などの企業では，組織の継続的発展のために，開発した製品やサービスを顧客に提供する活動だけでなく，顧客にとって更に新しい価値を生み出す顧客価値創造活動が求められている．その際の顧客価値は，提供する製品やサービスの機能や品質だけでなく，提供する際のコストやデリバリーなどの要求に応えられるかどうかによっても左右される．そのため，製品やサービスそのものの新規開発と同時に，コストやデリバリーの水準を高めることで顧客要求を満足させるための価値創造も求められる．

生産管理では，顧客価値に関係する品質，コスト，デリバリーなどの中でもコストとデリバリーに大きく関係し，それらに対する顧客要求に応えるための生産方式とその計画管理が対象となる．その際，生産管理では，どのような種類の製品を生産するかという多様性と，同じ製品をどの程度の量だけ生産するかにより影響する効率性が問題となる．従来，相反する多様性と効率性のいずれかを重視する生産方式，あるいはそれらの均衡を図る生産方式と同時に，それぞれの生産方式に対して効果的な計画管理が考えられてきた．また，複雑化した製品の効率的生産を支えるために，生産拠点を連携させる計画管理も考えられてきた．本書では，まず，そのような生産管理に関する基本的な生産方式とそのための計画管理について述べる．

続いて，近年では，各種の製品やサービスが普及し，顧客の求める製品やサービスの要求が高度化・複雑化するにつれ，また市場やサプライチェーンのグローバル化が進むにつれ，企業間競争はますます激化してきている．結果として，製品やサービスを提供する生産活動では，多様性と効率性のいずれかを重視，あるいは両者を均衡するだけでは十分とは言えなくなっている．例えばマスカスタマイゼーションと呼ばれるように，多様性と効率性を共に高める生産管理が求められるようになってきている．そのような背景から，多様性と効率性を共に高めることを目的に，基本となる方式を高度化した生産方式とその計画管理が考えられている．本書では，そのように高度化された生産管理についても述べる．

さらに，最近では，IoT（Internet of Things），CPS（Cyber-Physical System），AI（Artificial Intelligence）などICT（Information and Communication Technology）が急速に進展している．そのようなICTの活用により，多様性と効率性を更に高めた生産活動が期待されており，そのための生産管理のさらなる進化が求められている．本書の最後では，そのように急速に進展しているICTにより，現在進行中の生産管理の発展について紹介する．

本書は，著者が研究者の道に進むきっかけとなった亡き恩師の村松林太郎先生を始め，先輩諸氏のご指導の下，生産管理に関して学び，研究してきたこと，さらには，デミング賞委員に加えていただき，品質管理ご専門の先生方とご一緒させていただく中で，数多くのご示唆をいただいたことからまとめたものである．関係各位の皆様には心より御礼申し上げる．

末筆ながら，本書執筆の機会を与えていただいたJSQC選書刊行特別委員会の飯塚悦功委員長を始めとする委員の皆様，草稿に対して数多くの貴重なご意見ご示唆を賜りました久保田洋志先生，並びに，編集の労をとっていただいた日本規格協会グループ編集制作チームの皆様，中でも伊藤朋弘氏には，心より御礼申し上げる．

2020年5月

高橋　勝彦

目　　次

第1章　はじめに

生産した製品やサービスに求められる顧客価値は，製品そのもののみならず，製品に付帯するサービス，さらには提供される製品やサービスのブランドも対象となる．サービスは，営業部門やサービス部門の担当となり，ブランドはマーケティング部門を始め企業全体が関わることになる．生産管理では，生産される製品に対する顧客価値に関係する．その際，製品の基本機能に対する価値，品質に対する価値，価格や納期に対する価値などが考えられる．ここでは，特に価格や納期に対する顧客価値に関係する生産管理について，その目的，求められる多様性や効率性，さらには基本となる生産方式について述べる．

1.1　生産管理とは

生産管理とは，その言葉どおり，“生産（活動）の管理”を表す．生産活動が所期の目的を果たすようにするための管理が生産管理ということになる．

生産管理で対象とする生産活動は，企業活動を構成する四つの主要な活動の一つである．生産活動は，原材料などの諸資源から付加価値のつけられた製品やサービスをつくり出す活動を表し，個人的な生産活動であっても，企業など組織の生産活動であっても対象となる．しかし，後者の場合には，複雑でより付加価値の高い製品やサービスを大量に生産する企業としての組織的活動である．そのような企業における組織的な活動では，図 1.1 に示す四つの活動により，財が変換される[1)]．

まず企業活動に必要となる資金の調達を行う財務活動から始まり，調達された資金をもとに生産活動で必要となる資源の調達活動を経て，調達された資源を使用した生産活動が行われる．その後，生産された製品やサービスを必要とする顧客に提供する販売活動が行われることで，企業が行った活動に対する収入が得られることになる．その際，当初調達された資金は，生産に必要な資源から付加価値のつけられた製品やサービスとなり，最終的には売上となり，それに含まれる利益は，企業活動の発展に活用できる．

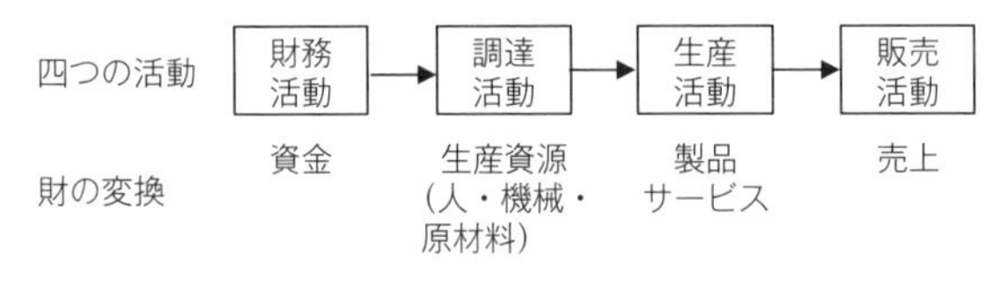

図 1.1　財が変換される四つの活動

現代の企業活動では，四つの活動を分担すると同時に連携して活動している．企業として，より組織的，かつ大規模な活動を実施するには，先に示した財務活動，調達活動，生産活動及び販売活動を分担することにより，それぞれの活動を専門的に，また効果的で効率的に進めることが一般的である．さらには，3 万点余りの部品が必要と言われる自動車など複雑な部品構成の製品は，生産活動も複数の生産拠点，あるいは複数の企業の活動を経ることが一般的である．また，地球規模に分布する調達先からの調達活動では，複数の調達拠点とそれら拠点間の物流，また地球規模に分布する顧客に対する販売活動は，複数の販売拠点とそれら拠点間の物流を含んだ活動となる．

企業活動には，主要な四つの活動に加え，それらを支援する活動も含めた連鎖で構成される．原材料から生産拠点を経て最終的に各顧客につながる調達・生産・販売の拠点とそれら拠点間の物流を含めた生産活動は，供給の連鎖として，サプライチェーン（SC：Supply Chain）と呼ばれている．さらには，製品や拠点の開発や設計などの準備や支援の活動も含めると，付加価値を高める活動の連鎖として説明できることから，バリューチェーン（VC：Value Chain）と呼ばれている．SCにしろVCにしろ，連鎖した活動で構成されることは，それらの活動の連携，さらには，そのための管理が必要となる．

一方，管理とは，対象とする活動が目的を合理的，効率的に達成するための計画と統制に関する活動である．英語ではControlやManagement，あるいは，Planning and Controlとなり，生産管理は，Production ControlよりもProduction Management，あるいは，Production Planning and Controlと呼ばれている．計画と統制は，PDCAサイクルにおけるPとCAに対応して考えると理解しやすい．

どのような活動でも，よりよい活動とするためには，その実施の前に十分な計画が必要と同時に，計画どおりに生産活動が実施されるようにするための統制が必要となる．またその際に明らかとなった計画の十分でない点は，次の計画に反映する必要がある．以上のことからわかるように，生産管理は，顧客に提供する製品やサービスの生産活動をよりよく実施するための計画及び統制に関する活動である．

生産管理の対象は，狭義には直接的な生産活動，広義には，生産活動に関連する活動も含まれることとなる．活動を組織構成員などで分担した組織的活動では，図 1.2 に示すように，分担された生産活動が生産管理の直接的あるいは狭義の対象と言える．しかし，生産活動は，調達された資源に制限を受ける．さらにはその資源を調達するための資金制約を受けるため，生産活動の管理を考える際に，調達活動や財務活動と独立して考えることは望ましくない．同じく，生産活動で生産された製品やサービスが，販売活動を制限することになることから，販売活動と独立して考えることも望ましく

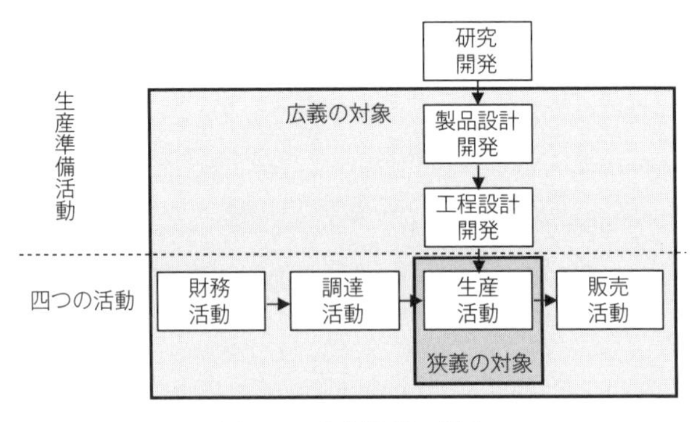

図 1.2　生産管理の対象

ない．そのようなことから，直接的には生産活動が生産管理の対象であるものの，その前後の財務活動や調達活動，販売活動とも関連した管理が求められる．

生産活動を中心にした広義の生産管理は，サプライチェーン・マネジメント（SCM：Supply Chain Management），あるいはオペレーションズ・マネジメント（OM：Operations Management）と呼ばれている．SCM は“調達先からユーザーに至る資材と製品の流れを管理する方法”[2)]，また OM は“支援活動も入れた全ての業務のマネジメント”[3)] であり，図 1.2 に示すように，生産活動ばかりでなく，それらを取り巻く活動も含めて管理対象としている．

生産管理の定義にかかわらず，生産活動が重要であることには変わりがない．SCM で対象とする原材料や資材から製品への流れと同時に，OM で対象とする生産活動を支援する活動の流れも生産管理を考える際には必要となる．裏を返すと SCM，OM いずれにおいても生産活動の管理は避けられない．生産活動のためには，研究開発，製品設計開発，工程設計開発などの生産準備活動も必要となり，生産活動は，それらの活動の影響も受ける．製品設計においても，生産活動を意識した設計，すなわち，生産活動の効率化につながる製品設計や工程設計となるような設計活動と生産活動の連携が必要になる．このことは，製造性設計（DfM：Design for Manufacturability），組立性設計（DfA：Design for Assembly），易分解性設計（DfD：Design for Disassembly）などの総称を表す DfX（Design for X）といった用語が普及していることからも理解できる．

生産管理の対象範囲や定義によらず，よりよい生産活動とその生産管理が求められる．狭義にはコストやデリバリー，広義になると全体最適，顧客価値創造の関係も考慮した生産管理が求められている．狭義か広義か，生産管理の捉え方はともかく，生産活動で生産された製品やサービスは，最終的にその製品やサービスを必要とする顧客に提供される．したがって，生産活動は，資源を活用して変換して生産される製品やサービスが最終的に提供される顧客にとって価値が認められるものとして提供される活動とする必要がある．顧客が求め，認める価値は，絶対的なものというよりは，経済・社会などの状況や時代により異なる．また，提供する企業の競合関係の影響も受ける．しかし，いずれにしても生産管理では，顧客に価値を認められる製品やサービスを生産するための管理，よりよい価値を提供できる生産活動とする管理が求められる．

1.2 生産管理の目的

生産管理の目的は，よりよい生産活動とすることにより，生産された製品やサービスを提供する顧客に価値が認められるようにすることにある．そのため，生産活動の結果に対して顧客が価値を認めたかどうか，さらには，その顧客に価値を認められるためにどのような生産活動を行ったかについて問題とすることになる．

生産管理の評価では，生産活動によって顧客が求める製品やサービスを生産しているかどうか，生産管理がそのためのよりよい管理となっているかどうかが問題とされる．生産者側で考えた製品やサービスの価値を顧客，それも多くの顧客が認めるならば，見込みによる大量生産が可能となり，顧客ごとに異なれば，受注による個別生産が必要となる．また，競合品との比較の下では，顧客の要求は特に優先する必要がある．

ここで顧客の求める価値とは，製品やサービスに対して顧客が求める仕様や品質（Quality），顧客の求める時期や数量のタイミング（一般には Delivery）及び顧客が希望するコスト（Cost）などに対する価値である．生産者としては，期待される顧客価値を提供できるように生産する必要がある．そのため，生産管理では，生産活動の結果として得られる製品の仕様や品質，生産にかかるコスト，生産の時期や量といったタイミング，すなわち QCD を問題にする必要がある．さらには顧客や生産者に対する安全（Safety），活動に携わる人員の士気や満足（Morale），環境への影響（Environment）を含めた QCDSME も問題にされている．

上で述べたように，顧客価値には QCDSME など考えられるが，生産方式や生産管理の手法は，それらの中でも直接的にはコストとデリバリーに関係する．ただし，生鮮品などのように，デリバリーはコストのみならず品質にも影響する場合もある．さらには，デリバリーは安全，士気，環境にも関係がないわけではない．ただし，品質管理，原価管理，安全管理，労務管理，環境管理といった個別の管理がある．本書では，デリバリーとそれにより直接関係するコスト中心に述べる．

生産管理として顧客価値，特にデリバリー，すなわち量とタイミングの評価を高める際の直接的指標は，生産量変動や納期遵守になる．顧客のデリバリーに対する要求に応えることは，要求の変動に応えられるかどうか，あるいは応えたかどうかで測られる．そのときの生産量変動が需要量変動に応じているかどうかにより評価することとなる．あるいは，個々の注文に納期が指定されている場合，指定された納期を遵守できたかどうかが，デリバリーの評価指標と言える．

しかし，そのような生産管理に期待されるデリバリーの直接的評価指標を高めることは，その他の顧客価値と関係する評価指標，特にコストと無関係に論じることはできない．例えば，需要量の変動に応じて生産量を変動させるためには，生産量を変動可能とする生産能力が必要となり，そのために余分な固定費や変動費が必要になることが考えられる．あるいは納期を遵守するため，あらかじめ原材料や部品の在庫を用意する場合には，そのときの在庫品保管の倉庫や保管費などが余分に必要となることが考えられる．さらには，在庫品の劣化など品質問題が生じる場合もある．

以上の結果，生産管理の一般的評価指標として利益，製造原価，あるいは生産性が取り上げられている．利益は，売上に対して，投入した資源や労働力などにかかった原価を差し引いて求める．営利企業など最終的に利益を上げることが目的となっていることから考えると，利益による生産活動や生産管理の評価は納得できる．ただし，売上は，生産活動に直接関係する出来栄え品質の結果が影響すると同時に，狙いの品質である製品設計やそのもとになる研究開発活動の成果でもある．価格設定や割引の影響なども含まれることになる．

製造原価は，生産活動の投入資源としてかかった原材料，機械設備や労働力にかかった原価を評価するものであり，売上をあげるために必要とした原材料，機械設備や労働力の多寡により，生産活動の善し悪しを評価している．ただし，その際には，原材料の単価や機械設備の減価償却費，労働賃金に依存する点があることに留意が必要となる．

利益が売上から製造原価を差し引いて求めるのに対して，生産性は，産出量や産出額を投入量や投入額で割った値により評価するものであり，製造原価当たりの売上などを評価している．投入額で割って基準化していることから，生産性は規模の異なる対象も比較しやすい評価指標と言える．投入資源である人員，機械設備，原材料，資金に対する生産性として，労働生産性，設備生産性，原材料生産性，資本生産性と言われる指標もある．例えば，労働生産性では，一人当たりの産出量や産出額が多いかどうかを比較できるが，作業者の数だけでなく，機械設備も異なる場合，単に作業者数で基準化して一人当たりの産出額としても，公平な比較と言えない場合もある．また，産出量や産出付加価値は，生産してもそれが必ずしも顧客に提供されない場合，またその原因として生産活動を問題にする場合は，顧客に提供された量や付加価値により評価する必要がある．

1.3　生産管理において基本となる生産方式

生産管理では，顧客価値を提供すると同時に，その提供にかかるコストを抑える必要がある．そのためには，生産活動における多様性と効率性の二つの視点から考慮する必要がある．

まず多様性は，できるだけ顧客の要求に応えられるように，多様な製品やサービスを提供可能とすることで顧客価値を提供する．裏を返せば，限定した種類の製品やサービスでは十分な価値提供ができない，すなわち，特定の製品やサービスには十分な需要が見込めないことも考えられる．このときの製品やサービスには，機能として多様なものが提供できることが主要な課題となり，多様な製品を生産するためには，一般に生産効率は犠牲にせざるを得ない．また，そのときの品質そのものはあまり問題にならない場合もある．例えば，4K テレビなど市場に初めて導入される新規技術や新規機能の製品では，4K という新規機能であることの価値が，同じ 4K 製品間の品質の違いよりも重視される場合もある．

一方，できるだけ生産効率を高めるために，コストを削減することで，提供する顧客価値を高める場合がある．需要が十分にある場合には，似通った製品やサービスでも顧客に価値提供できることから，多様性よりも効率性が顧客価値になる．ただし，機能として多様なものの余地があまりないことは，多様でないだけで，品質が問題にならないというわけではない，品質の高いものがよいことは変わらない．

以上をまとめると，多様性として製品やサービスの需要の種類，効率性として製品やサービスの１品種当たりの需要量という二つの視点が問題になると同時に，それら二つの視点には，一般に，一方を高めるには他方が犠牲になるというトレードオフの関係がある.

多様性，効率性それぞれを重視した生産方式として，個別生産方式，ライン生産方式が挙げられる．個別生産方式とは，注文ごとに異なる仕様・品質，数量，納期，価格の製品を生産するための生産方式である．多様性を重視するためには，仕様や品質などが注文ごとに異なっても対応できるように，生産システムに顧客の各種の要求に応えるために必要な機能や，汎用設備や熟練作業者を用意して対応する必要がある．

一方，効率性を重視した生産方式であるライン生産方式は，特定品種の製品を連続的に繰り返し生産する方式である．効率性を重視するためには，特定製品の生産について効率的生産ができるように，専用の生産工程（生産ライン）を設置している．そのときの生産ラインでは，特定製品の連続生産が可能となることから，高い効率性が期待できる．

また，両生産方式の中間的生産方式として，ロット生産方式が挙

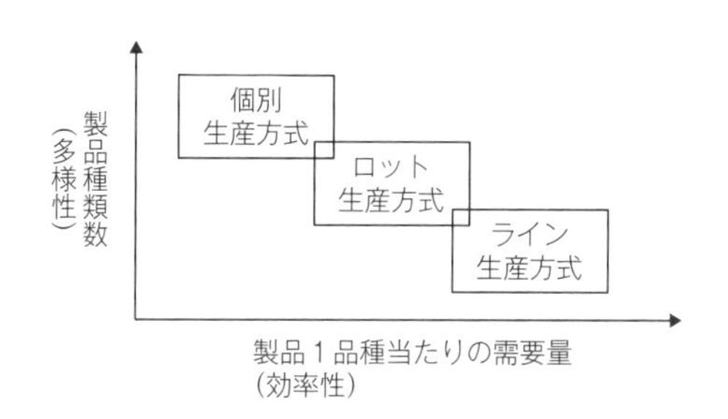

図 1.3 生産活動に求められる効率性，多様性に対する基本となる生産方式

げられる．ロット生産方式は，多数品種の製品に対する要求量それぞれをロットにまとめ，段取替えにより生産する方式である．段取替えにより，異なる製品の生産を可能とすることで多様性を高めると同時に，設定した段取替えの下で同一製品の連続生産により効率性も図っている．

以上三つの基本となる生産方式の関係は，図1.3のように示せる．

第2章 多様性を重視する個別生産とその計画管理

生産管理では，生産した製品やサービスに求められる顧客価値のうち，生産活動が影響を与える製品の顧客価値に関係する．特に，製品やサービスの品質に対する価値を損なうことなく，コストや納期に対する価値を高めることを問題にする．ここで，顧客が感じる価値について，画一性，すなわち，一様で個性や特徴のないことに価値を感じる場合もある反面，多様性，すなわち，個性や特徴の違いに価値を感じる場合もある．同じブランドの同じ製品を好む場合もあれば，性能は同じにもかかわらず色形の違いを重視する場合もある．このような顧客価値の中でも後者，すなわち多様性が重視される際に，その顧客価値に応える生産方式として個別生産方式がある．

なお，顧客価値における多様性は，新製品の導入期と同時に成熟期にもみられる．新製品の導入時は，顧客に支持される製品がはっきりしない中，将来的に大量の需要が得られることを期待した競合企業の参入と競争から，多様な新製品が開発され，市場に投入される．結果として，この時期は顧客から支持され，市場で競争に勝ち残るまで多様性が重視されることになる．一方，成熟期においては，主要な顧客から支持を得た製品ばかりでなく，一部の顧客から支持される製品を供給するための多様性が求められる．

ここでは，そのような多様性を重視する個別生産方式とその計画管理について述べる．

2.1 個別生産方式

顧客価値としての多様性を重視して，その要求に応える個別生産方式は，大規模複雑な製品やサービスを提供するための専用生産設備，装置産業の工場設備，大型建造物，船舶，発電機などの生産財を生産する場合に多くみられる．あるいは，量産製品の試作品生産，治工具生産，さらには，保全修理などのうち，不定期に必要となるサービスの提供は，個別生産方式と言える．そのような個別生産方式がどのような方式か，その定義，特徴，留意点を述べる．

(1) 個別生産方式の定義

個別生産方式は，“注文ごとに異なる仕様・品質，数量，納期，価格の製品を一定の保有設備能力の制約条件下で，納期を維持しつつ効率よい生産を行うための生産方式”[1)] と定義されている．類似の用語に，受注生産，注文生産がある．注文を受けてから生産するという意味で，受注生産あるいは，注文生産とも呼ばれているが，個別生産方式と同一の方式と言える．

注文に応じて異なる仕様であることから，注文が判明しない限り生産できない，あるいは，事前にわかっても種類が多いためあらかじめ生産して，将来到着する需要に備えることが経済的でないことが，個別生産方式の前提となる．

(2) 個別生産方式の特徴

個別生産方式における需要と生産には次のような特徴がみられる．

まず，製品の仕様・品質を顧客が決定する場合，あるいは生産者が数多く用意している中から顧客が選択することで確定する場合に個別生産方式が採用される．大型客船，化学プラント，金型などの仕様や品質は，顧客から需要として注文が到着する時点まで明らかではない．発電機や工作機械など，生産者が用意している仕様や品質はあるものの，その組合せが数多くなる場合には，それぞれをあらかじめ生産して用意しておくよりは，顧客が選択したものを個別に生産する．

仕様・品質が需要到着時に確定すること，それに伴い，価格や納期もその時点で決められることが，個別生産方式の大きな特徴と言える．仕様や品質を顧客が決定あるいは選択することは，価格についても，顧客からの注文が到着し，受注となる時点で決定されることになる．また，需要としての製品の数量とそれを納入する時期を表す納期についても，受注時に決定される．

一方，生産においては，製品の仕様や品質が事前に決まっていないことから，どのような需要に対しても対応可能な汎用の機械設備や作業者を用意しておき，個別の要求に対応することになる．もちろん用意すべき汎用設備や作業者には何らかの制限があることから，どのような需要といっても何らかの想定の下，その想定される需要に対応可能な汎用設備や作業者を用意する．用意した汎用設備により，需要の要求する仕様や品質の製品を生産するには，作業者による機械設備の操作と同時に，保守や修理などにおける作業者の専門性や習熟が必要となる．

また，汎用設備を用意する際，機械設備が他で処理可能かどうかの代替性，あるいは生産工程の手順としての融通性や時間的融通性の有無や度合いによって，計画管理の自由度に影響を与えることになる．その際の機械設備や生産工程の生産能力は，到着まで確定しない需要の特徴及びその結果として汎用の機械設備を用意していることから，どの程度利用されるかについても不確実である．そのため，需要と生産能力のバランスを図ることは，現実的には難しい．通常は必要十分な能力を用意することとなる．

在庫としては，製品を保有して到着する顧客の注文に備えることができない，あるいは製品の在庫保有が経済的でないことから，材料や工程間在庫を保有しておき，顧客からの注文に迅速な対応を図る．

(3)　個別生産方式における留意点

個別生産方式では，多様性を重視し，顧客からの多様な注文に汎用設備を用意して対応可能としている．結果として多様性は高まる方式と言えるが，反面，必要とする生産工程や工数，機械設備は顧客からの注文により異なる．その結果，後述するライン生産方式のように専用設備や専用の作業者を用意して連続的に生産することで効率性を高めることは期待できない．しかし，効率性を無視できるわけでもない．個別生産方式では，次のような留意点により，効率性に留意することが求められる．

まず，受注選択時，経済性と同時に，効率性に配慮した注文を選択すること，またその折に納期の見積りあるいは納期交渉が可能な場合には，効率性に配慮して納期を設定する．売上や利益の大きい有利な受注，あるいは，機械設備や生産工程の効率的稼働につながる受注の選択が望まれる．また，納期見積りでは，納期に余裕があるほど，スケジュールの自由度が増し，その結果として，効率性を高められることへの配慮が望まれる．

顧客からの注文が確定した後の計画管理では，顧客との約束である納期を満たしながら，効率性を損なうことなく生産するスケジュールが重要となる．そのため，手順計画，負荷計画，日程計画（スケジューリング）において，納期遅れや仕掛在庫の増大は避けながら，工程の効率性を高めることが重要になる．

2.2　個別生産方式における計画管理

(1)　計画管理の手順

個別生産方式では，個別の注文について受注するか否かの選択と同時に，注文ごとの手順や工数，日程を計画する．個別生産方式における生産計画とその計画に応じた生産活動，計画や活動に関係する顧客との関係は，図2.1のように表すことができる．

まず，顧客から注文の引合があり，その引合に基づいて受注選択が行われる．その後，到着した注文の生産手順を計画する手順計画，その手順それぞれの処理に必要な時間である工数を計画する工数計画，及び各注文の生産日程を計画する日程計画が立案される．その上で，計画に基づいた生産が実施され，生産された製品は出荷

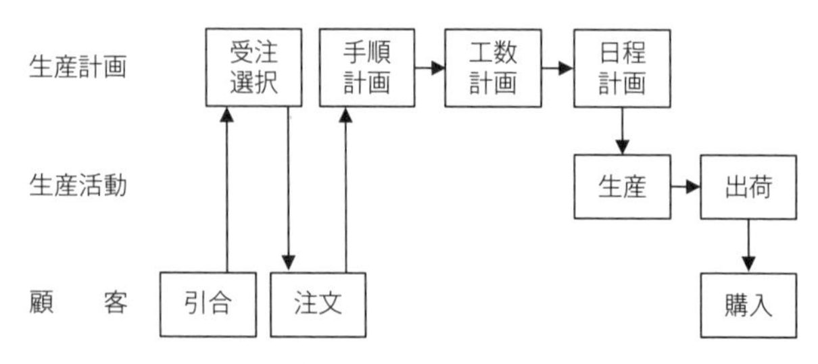

図 2.1　個別生産方式における生産計画と生産活動，顧客

されて，顧客が購入する．

個別生産方式の生産計画を開始する引合では，顧客から希望する仕様・品質，数量，納期，価格の注文について，生産者側に生産の諾否を問い合わせる．受注選択では，顧客からの引合により提示された注文内容を検討し，生産者側が有利な注文を受注として選択する．受注した（する）注文については，まず手順計画として加工方法，必要となる生産工程，資材，治工具，検査用の機器と同時に，その生産手順を計画する．その上で工数計画として，手順計画で計画された各手順における標準処理時間を算定し，処理負荷量（工数）を求める．

手順計画と工数計画により，処理の手順とそのときの工数が計画されれば，日程計画において，処理の手順やそのときの開始や完了が計画可能となるが，処理手順が複雑，あるいは納期に余裕があり，処理工程の負荷を平準化して計画したい場合などでは，日程計画の前に，基準日程計画と負荷計画を行う．基準日程計画では，各生産工程において基準となる生産期間を計画する．また，負荷計画では，基準日程計画で計画された生産工程別の工数を，各注文の納期と各生産工程の生産能力を満たすように計画期ごとに割り当てる．

日程計画では，手順計画と工数計画で計画された，また場合によって負荷計画で割り当てられた生産工程，計画期ごとの処理について，処理順序と各処理の開始と完了の時刻を計画する．

(2)　計画管理の方法

個別生産方式の計画管理の方法としては，期間山積計画法と時点計画法がある[4]．

期間山積計画法では，ある一定期間内に到着した注文について，まとめてその受注，手順や工数，負荷や日程を計画する．その際の計画は，対象期間に対する注文に関する目的関数を最適化する．

一方の時点計画法では，到着した時点，あるいは注文の処理を完了した時点ごとに，到着した注文の受注諾否，さらには受注した注文の手順，工数，日程を計画する．その際には，到着した注文は有利な注文かどうかの判断により受注諾否を決定する．また，注文の処理を完了した時点で計画する際には，処理待ち注文の中から，次に処理する注文を選択し，その処理手順，工数，日程を計画する．

期間山積計画法，時点計画法には，それぞれ次のような特徴がある．期間山積計画法では，到着した注文をある一定期間にまとめて計画するため，計画までの待ち時間が必要となるが，まとめた注文の計画により目的を最適化しやすい特徴がある．一方，時点計画法では，注文の到着あるいは処理の完了時点ですぐに計画することから，計画までの待ち時間は必要ないものの，個々の注文に対する計画となり，将来到着予定の他の注文との比較や，計画の最適化が困難という特徴がある．

2.3 受注選択

(1) 受注選択の目的

受注選択は，引合のあった注文から受注する注文を選択することである．その際，できるだけ有利となる注文を優先して選択することが目的となる．一般に，受注可能な限りは，すなわち生産資源制約の範囲内であれば，利益の得られる注文はできるだけ受注することが望まれるが，生産資源制約を超える場合には，引合のあった注文から，生産資源制約を満たしながら，より有利となる注文をできるだけ選択することが求められる．

その際，何が有利な注文となるかは，状況によって異なる．一般には，売上や利益の大きい注文は有利と言える．その他にも，例えば，新たに導入した機械設備を活用する注文は機械設備の減価償却のためにも有利となる場合がある．また何らかの理由で大量に仕入れた原材料を活用したい場合には，その原材料を使用する注文が有利となる場合がある．このような機械設備や人員，原材料などの生産資源をどの程度活用できるかによって注文が有利となる場合も考えられる．さらには，新しい顧客から今後の注文が見込める試行的注文，将来的に重点を置く分野の注文など，選択の対象となっている注文だけでなく，将来性から有利かどうか判断することも考えられる．

(2)　受注選択の方法

個別生産方式の計画管理の方法と同様，受注選択の方法についても山積選択法と時点選択法がある．

山積選択法では，期間山積計画法と同様，ある一定期間内に到着した注文群について，まとめてその注文群から受注する注文を選択する．その際には，計画対象期間に対する目的を最適化するように受注する注文を選択する．

例えば，生産資源制約の下で，利益を最大化する受注選択は，次のような整数計画問題として表すことができる．

$$\max \sum_{i \in I} p_i x_i$$

$$\text{subject to} \quad \sum_{i \in I} r_{ij} x_i \leqq R_j \qquad \forall j \in J$$

ここに，x_i：注文 i を選択するか（=1），しないか（=0）を表す決定変数

p_i：注文 i から得られる利益

r_{ij}：注文 i による生産資源 j の必要量

R_j：生産資源 j の制約量

I：受注選択対象の注文集合

J：受注選択で考慮すべき生産資源集合

これにより，受注する注文が必要とする生産資源全てについて，制約量を満たした下で，受注する注文から得られる利益を最大化するように，各注文を受注するかしないかを決定している．

一方，時点選択法では，顧客から引合があるたびに，その引合注

文を受注するか否かを決定する．その際には，目的関数からみて有利な注文か否かにより判断する．併せて，各生産資源に受注して処理するだけの余裕があるかどうかも受注選択に利用される．

(3)　受注選択の留意点

山積選択法では，ある一定期間内に到着した注文群から受注する注文を選択する．選択の性能は，そのときの計画期間に依存することになる．例えば，計画期間に多くの注文が到着すれば，到着した注文の中から，より有利な注文を選択しやすくなるが，逆に言えば，受注しない注文も増えることになる．各期とも能力以上の注文が到着し，選択できる状況ならば，受注しない注文があることは避けられないが，期間によって能力を下回る注文の到着しかないときには，全て受注しても能力を遊ばせることとなる．そのように，期によって到着する注文に変動がある場合には，計画期間の長さの決め方や，次の期間への持越しなどについて検討する必要もある．

一方の時点選択法では，個々の注文の到着時点で受注選択するため，選択対象の変動の問題はないが，将来の到着がわからないまま受注選択することから，将来，よりよい注文が到着するチャンスや将来注文が到着しないリスクにどのように備えるかが課題となる．将来の注文到着を予測し，各時点の受注選択に活用することが必要となる．

また，いずれの受注選択法においても，生産資源を必要とする所要量が制約を満たしているかどうか検討し，利益最大化などの目的関数の最適化を図るように受注を選択している．その際，生産工程の日程を計画して判断しないと，生産資源を使って納期までに生産可能かどうか定かではない．そのような場合には，受注選択と同時に日程計画を一括して計画する必要がある．例えば，参考文献 5)では，単純な一つの生産工程において生産順序に依存する段取時間も考慮して，受注選択と生産スケジュールを同時に求める方法について研究している．

さらには，引合で提示される顧客からの情報が所与の下，受注の可否を決定するとしているが，場合によって納期や価格などの情報が提示されるにしても未確定の場合もある．そのような場合には，受注選択と同時に価格や納期の交渉も必要となる．例えば，参考文献 6）では，価格や納期を受注選択において交渉により意思決定するときの支援システムについて研究している．

2.4 日程計画（スケジューリング）

スケジューリングとも呼ばれる日程計画では，手順計画と工数計画で計画された，また場合によって負荷計画で割り当てられた生産工程，計画期ごとの処理について，処理順序とそれぞれの開始と完了の時刻を計画する．日程計画の問題は，その目的や対象により，幾つかの問題に別れ，それぞれいろいろな方法が検討されている．ここでは，そのような日程計画の目的と問題を整理する．

(1) 日程計画の目的

日程計画の際には，その目的により望ましい計画が異なってくる．日程計画には，次のような目的が関係する．

(a) **生産量の最大化** 同一品種の生産活動は，生産量により評価できる．制約のある生産資源，例えば機械設備を有効に活用するかどうかによって，生産可能な生産量が影響を受ける．そのような生産資源制約を問題とするためには，生産量の最大化が日程計画の目的となる．

(b) **仕掛量の削減** 仕掛量は，生産工程間で次の処理を受けるために，一時処理を待っている量を表す．生産量の最大化を図るために，機械設備などの稼働率向上を重視すると，機械設備の前後に仕掛量が増大するようになる．仕掛量の増大は，保管スペースや保管設備，管理の手間などの増大につながる．そのような問題を避けるためには，仕掛量の削減が日程計画の目的となる．

(c) **生産リードタイムの短縮** 生産リードタイムは，最初の生産工程に投入されてから最後の処理を終えて完成するまでの期間である．生産工程間の仕掛量が増大すると，生産工程間で滞留する時間が長くなることを意味し，結果的に生産リードタイムの増大につながる．生産リードタイムの増大は，生鮮品などにおける品質劣化の原因や半導体製品など品質不良の発生に関係する場合もある．そのような問題を避けるためには，生産リードタイムの削減が日程計画の目的となる．

(d) **総生産費用の削減，総利益の最大化** 上で述べた個々の目的は，総合的に総生産費用の削減，更に最終的には総利益の最大化に関係する．日程計画を総合的観点から評価するためには，総生産費用の最小化，あるいは総利益の最大化が日程計画の目的となる．

(2) 日程計画の対象

日程計画の際には，目的ばかりでなく，日程計画の対象により計画方法が異なってくる．日程計画の対象としては，単一機械，並列機械，さらには，代替可能な機械がある場合，融通性のある処理工程が含まれる場合，同一の機械設備で複数回処理を必要とする（リエントラント）場合，処理時間が確定しない場合など，いろいろな現実的対象が検討されてきている[7)]が，主な対象は次のように整理できる．

(a) フローショップ 日程計画で計画する顧客からの注文のいずれについても，複数の機械設備において処理される順序が同じ場合は，フローショップと呼ばれる［図 2.2 (a) 参照］．例えば，プリント電子回路基板は，注文により基盤や回路，部品が異なるが，いずれも回路印刷，部品実装，はんだ付け，検査などの機械設備からなる工程で同じ順に処理される．

(b) ジョブショップ 日程計画で計画する顧客からの注文（ジョブ）によって，処理される工程やそのために用意された機械設備（ショップ），あるいはその処理順が異なる場合は，ジョブショップと呼ばれる［図 2.2 (b) 参照］．例えば，機械加工部品は，いずれも旋盤，フライス盤，ボール盤，中ぐり盤などの用意された何種類かの機械設備で加工されるが，注文によって必要となる機械設備とその順序は異なる．

(c) プロジェクト フローショップやジョブショップが，用意された機械設備で処理される複数の注文の処理手順と時刻を計画するのに対して，プロジェクトは，先行関係のある複数の処理（オペレーション）からなる仕事（プロジェクト）のみが対象となる［図2.2 (c) 参照］．その際，人員や機械設備などは，あらかじめ用意されているのではなく，必要な仕事に応じて準備されることを想定し，通常，計画の対象となっていない．

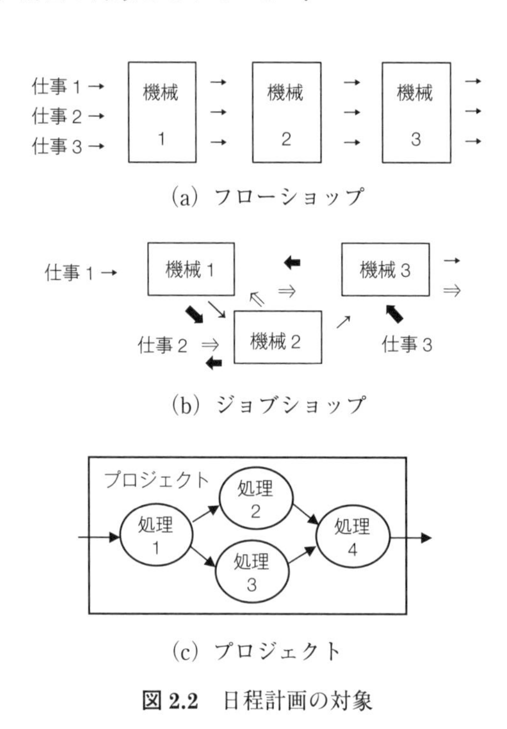

図 2.2　日程計画の対象

2.5　フローショップ・スケジューリング

(1)　フローショップ・スケジューリングの問題

フローショップを対象にした日程計画の問題は，フローショップ・スケジューリングと呼ばれる．その際，日程計画の目的に挙げたいろいろな目的が考えられ，その目的によって問題や解法が異なる．その中で，途中の機械で注文の処理順序変更を認める条件の下，全ての処理を完了する時刻（メイクスパン）の最小化を目的としたフローショップ・スケジューリング問題の数理計画モデルは，以下のように表すことができる．

$\min C_{\max}$

subject to

$$C_{\max} \geqq s_{i,j_{\max}} + t_{i,j_{\max}} \qquad \forall i \in I$$

$$s_{i,1} \geqq 0 \qquad \forall i \in I$$

$$s_{i,j+1} \geqq s_{i,j} + t_{i,j} \qquad \forall i \in I, \forall j \in J \setminus \{j_{\max}\}$$

$$s_{i,j} \geqq s_{i',j} + t_{i',j} - M(1 - x_{i,i',j}) \qquad i \neq i', \forall i,i' \in I, \forall j \in J$$

$$s_{i',j} \geqq s_{i,j} + t_{i,j} - Mx_{i,i',j} \qquad i \neq i', \forall i,i' \in I, \forall j \in J$$

ここに，$C_{\max}$：メイクスパンを表す決定変数

$s_{i,j}$：注文 i の j 番目（j=1,2,…,$j_{\max}$）の機械の処理開始時刻を表す決定変数

$x_{i,i',j}$：j 番目の機械の処理は，注文 i' が注文 i に先行するか（=1），しないか（=0）を表す0-1決定変数

$t_{i,j}$：注文 i の j 番目の機械における処理時間

I：注文の集合

J：処理（機械）の集合

M：十分に大きな正の数

メイクスパン $C_{\max}$ は，上で示した最初の制約条件により，最終

機械 j_{max} の完了時刻のうち，全ての注文の完了時刻以降となる制約を満たした下で，最小化するように決定される．また，その他の制約条件は，全ての注文において最初の機械1における処理が時刻0で開始可能，それ以降の機械における処理は前の機械における処理完了以降，及び同一機械で後に処理する注文は先に処理する注文の完了以降となるように制約する条件である．

(2)　フローショップ・スケジューリングの解法

フローショップ・スケジューリング問題は，各注文とも処理される機械の順序が同じということで，ジョブショップ・スケジューリング問題よりも制約が厳しい．ただし，注文の処理時刻を決める際に，処理順を決める必要があるため，二つの注文の間で先行するか否かを表す0-1変数 $x_{i,i',j}$ が含まれる．その結果，線形計画問題よりも解くことが難しい混合整数計画問題となる．注文数に応じて，問題規模が大きくなると，問題を解くことが難しくなる．さらに機械の間で追い越しなどがあると，機械ごとに処理順序を決める必要があることから，0-1変数の数が機械数に応じて必要となり，問題規模によって急激に計算時間が増えることになる．

最適解を厳密に求める厳密解法としては，分枝限定法を応用した方法について数多く研究されている．また，近似的に最適解を求める近似解法として，ディパッチング規則による発見的（ヒューリスティク）解法，あるいは，アニーリング法，遺伝的アルゴリズム，タブー探索法などメタヒューリスティクスによる解法などについても研究されている[8)]．いずれにしても，現実的規模の問題や，現実的な目的関数や条件の問題については，最適解を求めることや近似最適解を求めることも難しい．

2.6　ジョブショップ・スケジューリング

(1)　ジョブショップ・スケジューリングの問題

ジョブショップを対象にした日程計画の問題は，ジョブショップ・スケジューリングと呼ばれる．フローショップ・スケジューリング問題と同様に，目的によっていろいろな問題が考えられるが，全ての処理を完了する時刻（メイクスパン）の最小化を目的としたジョブショップ・スケジューリング問題の数理計画モデルは，以下のように表すことができる［文献 9）を参考に定式化した．］．

$$\min C_{\max}$$

subject to

$$C_{\max} \geqq s_{i,n_i} + t_{i,n_i} \qquad \forall i \in I$$

$$s_{i,1} \geqq 0 \qquad \forall i \in I$$

$$s_{i,j+1} \geqq s_{i,j} + t_{i,j} \qquad \forall i \in I, \forall j \in J_i \setminus \{n_i\}$$

$$s_{i,j} \geqq s_{i',j'} + t_{i',j'} - M(1 - x_{i,i',j,j'}) \qquad i \neq i', \forall i,i' \in I, \forall j,j' \in J_i$$

$$\mu_{i,j} = \mu_{i',j'}, \forall \mu_{i,j}, \mu_{i',j'} \in R$$

$$s_{i',j'} \geqq s_{i,j} + t_{i,j} - Mx_{i,i',j,j'} \qquad i \neq i', \forall i,i' \in I, \forall j,j' \in J_i$$

$$\mu_{i,j} = \mu_{i',j'}, \forall \mu_{i,j}, \mu_{i',j'} \in R$$

ここに，$C_{\max}$：メイクスパンを表す決定変数

$s_{i,j}$：注文 i の j 番目（$j=1,2,\cdots,n_i$）の機械の処理開始時刻を表す決定変数

$x_{i,i',j,j'}$：注文 i' の j' 番目の処理は，注文 i の j 番目の処理に先行するか（=1），しないか（=0）を表す 0-1 決定変数

$t_{i,j}$：注文 i の j 番目の処理時間

$\mu_{i,j}$：注文 i の j 番目の処理に使用する機械

I：注文の集合

J：処理の集合

R：機械の集合

M：十分に大きな正の数

メイクスパン $C_{\max}$ は，上で示した最初の制約条件により，最終機械 $j_{\max}$ の完了時刻のうち，全ての注文の完了時刻以降となる制約の下で，最小化するように決定される．また，その他の制約条件は，全ての注文について，最初の処理は時刻 0 で開始可能，以降の処理はその前の処理完了以降，及び同一機械で後に処理する注文は先に処理する注文の完了以降を制約する条件である．

(2)　ジョブショップ・スケジューリングの解法

注文により処理される機械の順序が異なるジョブショップ・スケジューリング問題は，各注文とも処理される機械の順序が同じフローショップ・スケジューリング問題よりも解くことが難しい．そのため，数多くの研究により，分枝限定法を利用した厳密解法，発見的解法や，メタヒューリスティクスによる近似解法などが数多く提案されている．しかし，現在の研究が継続されていることは，未だに決定的解法が見当たらないとも言える．また，目的関数や制約

条件が異なると，解法も異なってくることから，現実的な目的，制約条件に応じた新たな課題について研究が継続されている．

2.7 プロジェクト・スケジューリング

(1) プロジェクト・スケジューリングの問題

幾つかの活動（アクティビティ）からなるプロジェクトを目標どおりに実行するスケジュールを計画すると同時に，計画どおりに実施するように対応する問題は，プロジェクト・スケジューリング問題と呼ばれている．フローショップ・スケジューリング問題やジョブショップ・スケジューリング問題が，ショップに複数のジョブが到着する際のスケジュールの計画であるのに対して，プロジェクト・スケジューリング問題の対象は，通常，一つのプロジェクトである．複数ではなく，一つのプロジェクトであることは，繰り返しがないことを意味していることからも想像されるように，構成される活動にかかる時間も確定しない場合も想定される．また，必要な人員，機械設備，原材料など生産資源は新たに用意する必要がある．そのため，プロジェクト・スケジューリングでは，活動時間の見積りや，必要資源を用意する時期の計画，あるいは，活動の遅れに対して，計画どおりに進められるかどうかの評価や計画どおりに進めるための対応策も重要な課題となる．

(2) プロジェクト・スケジューリングの解法

プロジェクト・スケジューリングの解法として，これまで PERT

(Program Evaluation and Review Technique) と CPM (Critical Path Method) などが提案されている．

PERT では，活動時間に関して標準時間資料などがない場合に，プロジェクトを構成する状態 i から状態 j に移すための活動 ij の時間 t_{ij} を，楽観的見積り t_o，もっともらしい見積り t_m，及び悲観的見積り t_p の3点見積もりから次のように算定する．

$$t_{ij} = \frac{t_o + 4t_m + t_p}{6}$$

また，各活動に必要な資源を用意する時期の計画や，計画どおりに進められるかどうかの評価においては，プロジェクトを構成する各活動の先行関係を踏まえて，各活動のスケジュールを求める必要がある．

そのため PERT では，まず，活動 ij に関係する状態 i や状態 j の最早結合点時刻 T_j^E を，状態 j に至る活動全てを最早結合時点 T_i^E で開始して，活動時間 t_{ij} 経過して完了した時刻のうち，最大となる時点から求める．また，最遅結合点時刻 T_i^L は，プロジェクトの計画を遅らせることなく，すなわち，プロジェクトの最終状態が遅れることなく，状態 i に続く全ての活動の最遅結合点時刻 T_j^L から各活動の活動時間 t_{ij} だけさかのぼった時刻のうち，最小となる時点から求められる．

$$T_0^E = 0$$

$$T_j^E = \max_{i \in P_j} \left(T_i^E + t_{ij}\right)$$

$$T_n^L = T_n^E$$

$$T_i^L = \min_{j \in S_i} \left(T_j^L - t_{ij}\right)$$

ここに，n：プロジェクトが完了する最終状態

S_i：状態 i から開始可能な活動集合

P_j：状態 j とするための活動集合

続いて，求めた結合点時刻から，各活動の最早開始時刻 $TS_{ij}^E = T_i^E$ と最遅開始時刻 $TS_{ij}^L = T_j^L - t_{ij}$ を求める．最早開始時刻と最遅開始時刻の間に差のない活動は，余裕（スラック）のない，すなわち，遅れが許されない活動を意味している．余裕のない活動をつなげた一連の活動は，クリティカルパスと呼び，それらに遅れのないよう進捗管理に活用している．

そのように，PERT では，計画を評価して遅れのない実施に主眼があるが，CPM では，さらに，コストをかけることで活動の時間を短縮することも含めて，計画どおりに進める，あるいは，より短期間で進める対応策の立案方法について示している．

2.8 個別生産方式の課題と発展

(1) 対応する顧客需要の整理

個別生産方式では，多様性を重視するため，効率性は犠牲にせざるを得ない場合も多い．顧客からの多様な注文に対応するには，多様な処理を可能とすることで，またそのときの異なる処理により，効率性を高めることは難しくなる．個別生産方式では，多様性を犠牲にすることなく，いかに効率性を高めるかが課題となる．そのためには，まず，顧客からの多様な注文に対して，全て対応するのか，全てではないとしたらどこまで対応するのか，対応するために

必要な機能，生産設備や人員などから検討することが課題であり，そのような検討による効率性の向上が期待される．

(2)　顧客需要への対応方法

多様な顧客需要に対応するには，より多様な処理のできる多機能化した生産設備や人員を用意する対応と，多種類用意した単機能生産設備や人員による対応が考えられる．多機能で多様な処理ができれば，その生産設備や人員で多様な処理が可能であるが，処理に時間がかかる，あるいは処理能力に応じて処理待ちも必要になる．逆に，単機能の生産設備や人員で対応することは短時間の処理となるが，多種類の生産設備や人員を用意する必要がある．それぞれの対応の効率性，あるいは両者の適切な組合せによる効率性の検討により，多様性に対応する効率性の向上が期待される．

(3)　生産，搬送の効率化，整流化

一般に，生産や搬送の機械設備，人員により，生産，搬送の効率性が左右される．効率性の高い設備や人員は，効率性を高めることにつながる．その際，バランスの取れた効率性に注意が必要である．ボトルネックでない設備や人員の処理能力が高まっても，全体の処理能力には影響しない．ボトルネックを特定してその処理能力を高めることで，全体の効率性向上につなげることが課題となる．また，搬送の効率化には，搬送ルートが問題となる．多様性に応えるために必要な搬送ルートを整理し，流れの停滞を削減するスムーズな搬送が課題となる．生産と搬送の設備や人員による効率化，そ

のための整流化により全体の効率性を高めることが期待される．

(4)　変化への対応と削減

一般に個別生産方式では，多様性に対応するために多くの変動要因が含まれることになり，効率性は低下する．標準のない作業で時間がかかったかどうか，さらに，異常か正常かの判別もつきにくい．そのような変化の特定と同時にその削減が課題となる．過去の生産実績の蓄積とその変化の特定に対する活用が期待される．

第3章 多様性と効率性の均衡を目指すロット生産とその計画管理

生産管理では，生産した製品やサービスに求められる顧客価値の中でも，生産活動が影響を与える製品やサービスに期待する顧客価値に関係する．そのときの顧客価値における多様性と効率性の両方の均衡を目指す生産方式としてロット生産方式が考えられる．

新製品の導入期においては，顧客価値の中でも，特に多様性が求められていた．しかし，新製品の導入期を経て，成長期以降，市場規模が成長し，需要が徐々に増大するにつれて，多様性ばかりでなく，効率性が求められるようになる．導入期よりも多くの顧客が，ある程度限られた製品に集中するようになると，結果として選ばれた製品を供給する生産者は，増大した需要に応えていくために，効率的生産によりある程度の量産が求められるようになる．ただし，個別の製品需要が，まだ十分にない状況では，生産における多様性も確保することで，採算が保証される必要もある．特に高度化・大規模化した生産設備を特定の製品に専用化すると，設備能力を十分に活用できない可能性があり，設備能力を複数製品の生産に活用することが望まれる．そのような状況においては，多様性と効率性の均衡を目指した生産方式が求められ，そのための生産方式がロット生産方式である．

ここでは，そのような顧客価値における多様性と効率性の均衡を目指すロット生産方式とその計画管理について述べる．

3.1 ロット生産方式

顧客価値としての多様性と効率性の均衡を目指すロット生産方式は，大規模複雑な製品，サービスを提供する生産設備，装置産業の工場設備，大型建造物，船舶，発電機などの生産財でもある程度標準的な設備や装置があり，その標準品をある数量まとめて生産する場合，あるいは大規模複雑な量産品の構成品や部品を提供する生産に多くみられる．ある程度の需要も見込める反面，内容量や包装などの種類も多い食品などの生産では，同じ設備で材料や包装を変えることにより多種類の製品を生産している．これらの生産では，ロット生産方式が採用されている．そのようなロット生産方式がどのような方式か，その定義，特徴，留意点を述べる．

(1) ロット生産方式の定義

ロット生産方式は，“同一工程で，二つまたはそれ以上の多数の品種についてその要求量を幾つかのロットに分割，あるいはロットにまとめ，段取替えをすることにより生産する方式”[1)]と定義されている．類似の用語に，バッチ生産，あるいは間欠生産がある．ひとまとめの単位がロットあるいはバッチの違いはあるが，まとめて生産することは同一である．また，まとめるにしても，ひとまとめの生産が終わると別のものを生産するという意味で，間欠生産，あるいは非連続生産となる．まとめて生産する量については，予測による見込生産ではあるが，大量生産や連続生産とまでは言えない．

生産者が仕様・品質をあらかじめ決めた製品に対して，ある程度の需要が見込めることから，需要発生前にあらかじめある程度の数を連続して生産することで効率性を高めている．ただし，生産設備を連続稼働して生産するほど十分な需要はない．そのため，生産設備の段取替えにより，類似している複数種類の製品を生産することで生産資源の有効活用も図ること，すなわち多様性と効率性の均衡を目指すことが，ロット生産方式の前提となる．

(2)　ロット生産方式の特徴

ロット生産方式における需要と生産には次のような特徴がある．

まず，顧客からの需要において，製品の仕様・品質を生産者があらかじめ決定している場合の中でも，需要がある程度見込める場合にロット生産方式が採用される．製品の仕様や品質を生産者が決定していたとしても，その種類が多いことから個々の製品に対する需要が見込めない，あるいは見通せない場合には，実際に需要が到着してから個別に生産する個別生産方式が採用される場合もある．したがって，生産者が開発導入した製品であると同時に，顧客からの需要がある程度見込めることがロット生産方式の大きな特徴と言える．またその特徴により，あらかじめまとめて生産することで効率性の向上を図り，結果として低価格に抑えて，需要の増大につなげることを意図している．生産者が決定した製品の仕様・品質，さらには低価格であることにより，顧客からの需要の納期は需要到着時，あるいはそこからあまり時間的余裕のない場合が一般的である．

一方，生産においては，製品の仕様・品質を生産者があらかじめ決定しており，また需要がある程度見込めることから，専用に近い汎用設備を用意して効率的生産を可能としている．その際，単一，あるいは限られた製品を連続的に生産するには十分な需要が見込めないことから，多種類の製品を段取替えして生産することで生産設備の稼働率向上を図っている．段取替えのロスを除いたときの生産速度が需要速度以上であることが前提となる．例えば，プレス加工機械，射出成型加工機械などは，金型を変更する段取替えにより多くの種類の製品を加工可能であり，段取替えには時間がかかるものの，個々の製品の生産速度は，要求される需要速度以上である．ある程度専用に近い設備を繰返し生産することから，作業の習熟効果により，作業訓練は個別生産方式より短い期間となる．ただし，多品種の製品を生産する必要から，ある程度の熟練も必要となる．また，生産設備の保守や，特に段取替え作業の効率化が重要になる．生産者仕様の製品であると同時に，ある程度の需要があらかじめ見込めることから，原材料や部品だけでなく製品も在庫として保持が可能であると同時に，製品在庫により即納などの要求に応える必要がある．

(3)　ロット生産方式における留意点

ロット生産方式では，生産者が用意した仕様・品質の製品にある程度需要が見込めることから，専用に近い汎用設備を利用して効率性を図ることで低価格などの価格優位性を高めている．しかしながら，それだけでは成立しないビジネスを製品種類数としての多様性を確保した生産を段取替えにより可能とすることで，多様性の維持も図っている．ロット生産方式では，次のような留意点により，多様性と効率性の均衡を目指すことが求められる．

まず，顧客からの需要を見込んであらかじめ生産するために，需要予測が必要となる．需要到着後の個別生産では生産効率向上に限界がある．見込める需要をまとめて生産することで生産効率の向上が求められる．その際，作りすぎを避ける必要があることからも，各製品について正確な需要予測がロット生産方式における生産計画に必要不可欠となる．特に，複数の製品を生産しているロット生産方式では，取り扱う製品の種類数に応じて製品在庫の増大が想定されることから，在庫削減が求められ，そのための需要予測は重要となる．

続いて，得られた需要予測から，各製品を見込みでまとめて生産するときの量（ロットサイズ）を求める必要がある．まとめて生産する量がロットサイズということは，需要予測で得られた製品需要を，そのサイズに分けて，あるいはまとめて生産する回数を決めることでもある．その回数が段取替えの回数となる．ロットサイズが大きくなると，あるいは段取替え回数が少なくなると，段取替えに応じてかかる時間や手間，費用は削減できる．一方，まとめて生産した製品在庫が消費されるまでの在庫の量や時間が多くなり，それに応じて必要となる手間やスペース，費用も増大することになる．また，予測に基づいた生産であることから，予測誤差により在庫が不足することも防ぐ必要がある．それらを踏まえたロットサイズの決定が求められる．

どれだけまとめて生産するかというロットサイズばかりでなく，まとめたロットの生産時期としてのスケジュールも必要となる．需要の到着時期に対して前後することで生じる在庫期間や品切れ期間を抑える生産時期の決定が求められる．

さらに，段取替え作業の効率化が求められる．ロット生産方式において，ロットにまとめて生産する理由は，まとめて生産することにより段取替えに応じてかかる時間や手間，費用を削減するためである．このことから，各段取替えの時間や手間，費用が削減できるならば，まとめて生産する必要性も低下する．究極，二桁以上かかっていた段取時間を一桁にするシングル段取や，一つずつ生産する1個流し生産も考えられる．

3.2　ロット生産方式における計画管理

(1)　計画管理の手順

ロット生産方式は，見込生産の下で量産効果を狙ってまとめて生産する方式である．ロット生産方式の生産計画とその計画に応じた生産活動，計画や活動に関係する顧客との関係は，図3.1のように表すことができる．

見込生産では，生産者により製品やそのための生産工程と生産設備があらかじめ計画され，顧客からの注文到着前に準備されている．その上で，図3.1に示すように，生産者は顧客の需要を予測し，見込みで生産した製品を在庫しておく．顧客から到着した注文

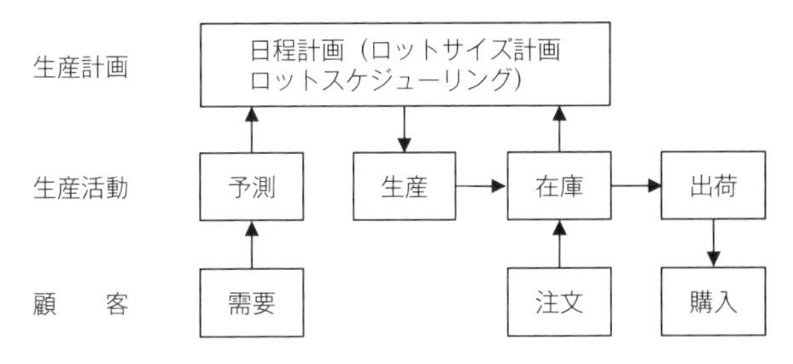

図 3.1 ロット生産方式における生産計画と生産活動，顧客

に対しては，在庫から引き当てて出荷すると顧客は注文した製品を購入する．顧客からの注文に引き当てられ，消費された在庫は，生産で補充するように生産計画に反映される．

ロット生産方式における生産計画では，日程が問題となる．個別生産方式では，図 2.1 に示したように，あらかじめ需要を見込むことができないので，顧客からの個別の引合に応じて受注選択し，受注すると，製品やその手順計画，工数計画，日程計画と順に進めた上で，生産が計画管理される．しかし，あらかじめ需要を見込むことができるロット生産方式では，到着する注文にすぐに対応できるように，あらかじめ生産し，完成した製品を在庫しておく．当然，その際の製品と生産工程についても，顧客の需要予測に基づいて計画済である必要がある．結果的に，ロット生産方式における計画管理では，生産の日程だけが問題となる．

ロット生産方式における日程計画では，ロットサイズや，ロットのスケジュールを計画する．個別生産方式における日程計画は，計画対象とする注文を構成する各処理の時刻を計画していた．ロット生産方式では，各製品それぞれをまとめて生産する際の生産量

（ロットサイズ）と，その時期（スケジュール）を決めることになる．

(2)　計画管理の方法

ロット生産方式の計画管理では，期間計画法が基本となる．ただし，条件によっては時点計画法も考えられる．ロット生産方式の計画には，需要量，それも計画期間当たりの需要量の情報が必要となる．そのため，期間計画法，すなわち，対象とする期間を設定し，その期間における需要量から計画する方法が一般的である．ただし，あらかじめ計画したロットサイズをもとに生産指示する場合，あるいは，各注文の納期までに余裕がある場合など，時点計画法が採用されることも考えられる．

期間計画法では，対象とする計画期間に対する各製品の需要量から，対象期間の生産能力も考慮してロットサイズ，さらには各ロットのスケジュール，すなわち生産時期を計画する．その際には，その期間に対して，ロットサイズとスケジュールに関する目的関数を最適化するように計画する．

一方の時点計画法では，各注文の到着のたびに製品在庫量を確認しながら，まとめて生産すべきか否かを判断し，指示する場合にはそのときの量を計画指示する．ロット生産方式では，注文と同時に納入を求められる場合が一般的である．その場合，段取替えや生産に時間がかかることから，製品在庫がなくなってからでは間に合わない．そのため，時点計画法を採用する場合には，生産指示するかしないか判断する製品在庫量をあらかじめ決めておく必要がある．

また，ロットサイズも事前に決めておく必要がある．

ロット生産方式に対する期間計画法，時点計画法には，それぞれ次のような特徴がある．期間計画法では，ある一定期間にまとめた注文の見込みに対して計画する．見込みであることから，個別生産方式の期間山積計画法のように計画までの待ち時間は問題とならない．ただし，見込みにずれ，すなわち需要の予測誤差によって生産量が需要量に対して過不足が生じることで経済性が低下する．

一方，時点計画法では，注文の到着時点で計画される特徴はあるが，その時点で納入を求められる場合，あらかじめ生産して用意した在庫で対応する必要がある．また，注文が到着してから納期までに余裕があり，その間に生産すれば間に合う場合には，ロット生産方式に対して時点計画法を適用する効果が期待できる．例えば，最終組立メーカから内示の注文があり，それに基づいて生産納入が可能な原材料や部品のメーカなどは，時点計画法を採用することが可能となる．また，そのような場合に，注文ごとに注文量を生産するジャストインタイム生産により在庫を極力抑えることが期待でき，ロット生産方式よりは個別生産方式がより有利となる．さらに，納期までの余裕中に同一製品の注文が複数到着し，それらをロットにまとめられる状況では，ロット生産方式の効果が期待できる．

3.3　ロットサイズ計画

(1)　ロットサイズ計画問題

ロット生産方式では，ロットのサイズとスケジュールの計画により生産活動の日程が計画される．特に，生産能力が十分に大きく制約とならない場合，ロットサイズの計画により日程が計画される．個別生産方式では，注文ごとに生産する仕様や品質が異なるため，注文ごとに受注や手順，工数，日程を計画する．一方，ロット生産方式では，複数品種の製品が生産対象であるとしても，あらかじめ生産者が計画した製品であり，需要が見込める．さらに，まとめて生産することで効率的生産とするときのロットサイズが問題となる．

ロットサイズ計画では，段取費と在庫費からなる総費用の最小化が目的となる．生産に関わる費用として，他に生産１単位当たりの生産費も必要となるが，日程計画にかかわらず需要量と等しい生産を計画する場合には，日程計画の違いが生産費には影響しないことから，除外して考えることができる．

段取費はロットサイズに反比例の関係，また在庫費はロットサイズと比例の関係がある．段取費は，段取替えの回数（段取回数）に応じて必要となることから，段取回数に比例する．段取回数は，ロットサイズを２倍にすると半減する．すなわち，段取回数に応じてかかる段取費はロットサイズと反比例の関係にある．一方の在庫費は，在庫量に応じてかかる．在庫量は一定ではなく，時間とともに増減するが，その平均は，ロットサイズを２倍にすると２倍，３倍にすると３倍と比例の関係にある．したがって，在庫費はロットサイズと比例の関係にある．

(a)　需要率一定，ロット一括納入のロットサイズ計画問題

いま，需要率が一定，また，まとめて生産したロットが一括して

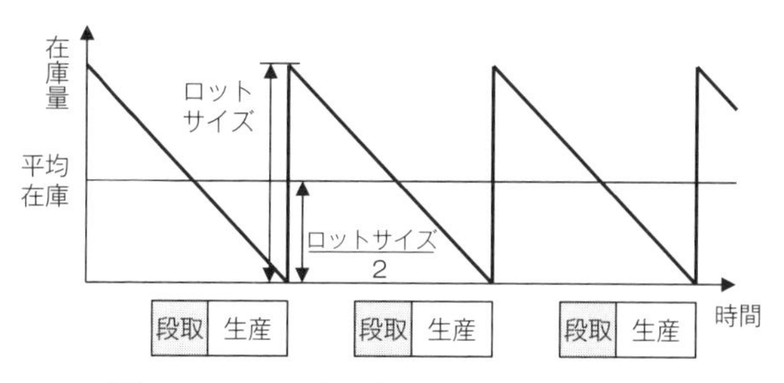

図 3.2　ロット生産方式における在庫推移
(一括納入の場合)

納入され在庫となるとしたときの在庫推移は,図3.2のようになる.

図 3.2 から，需要率が一定，また，まとめて生産したロットが一括して納入される場合には，一定の需要率で在庫が減少し，在庫がなくなる時点にあわせて段取替えと生産が計画され，生産されたロットが一括在庫となり，在庫はロットサイズだけ増加する．その後も同様の推移を繰り返すこととなる．このときの平均在庫は，ロットサイズの 1/2 となる．

以上の関係の下，段取費と在庫費からなる総費用を最小化するロットサイズは次のように定式化できる．

$$\min_{Q} TC = cs \frac{D}{Q} + ci \frac{Q}{2}$$

ここに，Q：ロットサイズ

D：期間中の需要量

cs：1 回当たりの段取費

ci：単位当たり，期間当たりの在庫費

(b)　需要率一定，ロット個別納入のロットサイズ計画問題

上記の（a）と同様に需要率が一定であるものの，生産したロットが個別に納入され在庫となるときの在庫推移は，図3.3のようになる．

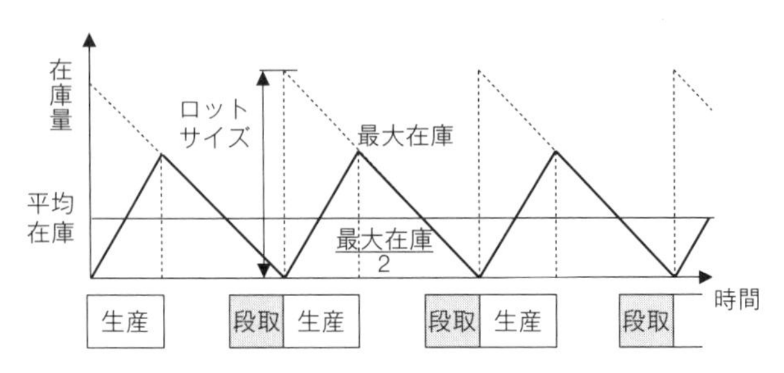

図3.3　ロット生産方式における在庫推移（個別納入の場合）

生産したロットが個別に納入され在庫になる場合には，生産中にも需要として消費されるため，一括在庫になる場合のように在庫はロットサイズまでは増加しない．生産期間中（Q/p）に消費された量（dQ/p）を差し引いた量が最大在庫となる．また，平均在庫は最大在庫の1/2となる．

以上の関係より，生産したロットが個別に納入され在庫になる場合において段取費と在庫費からなる総費用を最小化するロットサイズは次のように定式化できる．

$$\min_{Q} TC = cs\,\frac{D}{Q} + ci(1-\frac{d}{p})\,\frac{Q}{2}$$

ここに，（a）で使用した記号に加えて，

T：計画期間の長さ

p：生産率（単位時間当たりの生産量）

d：需要率（単位時間当たりの需要量 $d = D/T$）

(2)　ロットサイズ計画問題の解法

(1) で述べたロットサイズ計画問題は，次のように解くことができる．

(a)　需要率一定，ロット一括納入のロットサイズ計画問題の解法

まず，需要率一定，ロット一括納入のロットサイズ計画問題は，ロットサイズと段取費，在庫費及びそれらからなる総費用，それぞれが，図 3.4 に示すような関係になる．

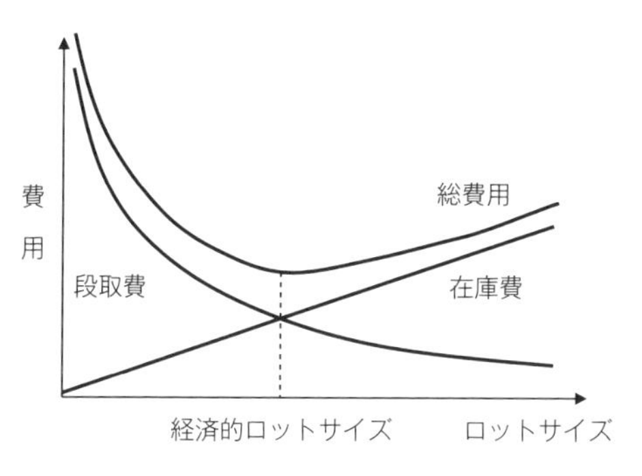

図 3.4　ロットサイズと費用の関係

先にも述べたように，段取費はロットサイズと反比例の関係，また在庫費はロットサイズと比例の関係があることから，ロットサイズを大きくするに従って，段取費はロットサイズに反比例して減少，在庫費はロットサイズに比例して増大する．いま，ロットサイ

ズは実数とすると，段取費と在庫費を合計した総費用は，ロットサイズと下に凸の関数関係になることから，総費用の関数をロットサイズに関して微分してその値が0となるロットサイズを求める．

$$\frac{dTC}{dQ} = -cs\frac{D}{Q^2} + ci\frac{1}{2} = 0$$

上式をQに関して解くと，総費用を最小とする経済的ロットサイズQ^*が次のように求められる．

$$Q^* = \sqrt{\frac{2csD}{ci}}$$

(b) 需要率一定，ロット個別納入のロットサイズ計画問題の解法

需要率一定，ロットが個別に納入され在庫となるときのロットサイズ計画問題についても，同様に，ロットサイズと段取費，在庫費及びそれらからなる総費用，それぞれが，図3.4と同様の関係になる．総費用は，同様にロットサイズと下に凸の関数関係になることから，総費用の関数をロットサイズに関して微分してその値が0となるロットサイズを求める．

$$\frac{dTC}{dQ} = -cs\frac{D}{Q^2} + ci\left(1 - \frac{d}{p}\right)\frac{1}{2} = 0$$

上式をQに関して解くと，総費用を最小とする経済的ロットサイズQ^*が次のように求められる．

$$Q^* = \sqrt{\frac{2csD}{\left(1-\frac{d}{p}\right)ci}}$$

3.4 ロットスケジューリング

(1) ロットスケジューリング問題

ロットスケジューリング問題では，多品種を生産するロット生産方式において，生産する各品種のロットサイズとそのスケジュールを一括計画する．先に述べたロットサイズ計画問題では，多品種を生産するロット生産方式において，生産能力が十分に大きいことを前提に，品種間の関係を考慮しないでロットサイズを計画していた．しかし，生産能力の余裕が十分にない場合には，各品種に対して計画したロットサイズの下で生産するときのスケジュールが互いに干渉することが問題になってくる．そのような問題を避けるためには，品種間の関係も考慮し，多品種の製品を同時に考慮してロットサイズとロットの生産順序や時期を計画する必要がある．

ここでは，図3.5に示すように，固定ロットサイズと基本サイクリック・スケジュールによるロットスケジューリング問題に限定して述べる．その際，需要率一定，ロットが個別に在庫となることを仮定している．固定ロットサイズとは，ロットによらずロットサイズが品種ごとに同一サイズに固定されていることを意味している．また，基本サイクリック・スケジュールとは，全ての品種の製品が1ロットずつ含まれる基本循環サイクルによる生産を段取回数だけ繰り返すスケジュールである．例えば，ABCの3品種の製品をABCABCABC…と繰り返して生産する際，ABCが循環サイクル，さらにこの例ではその循環サイクルにABCいずれも1回ずつ含まれているため基本循環サイクルとなる．例えば，

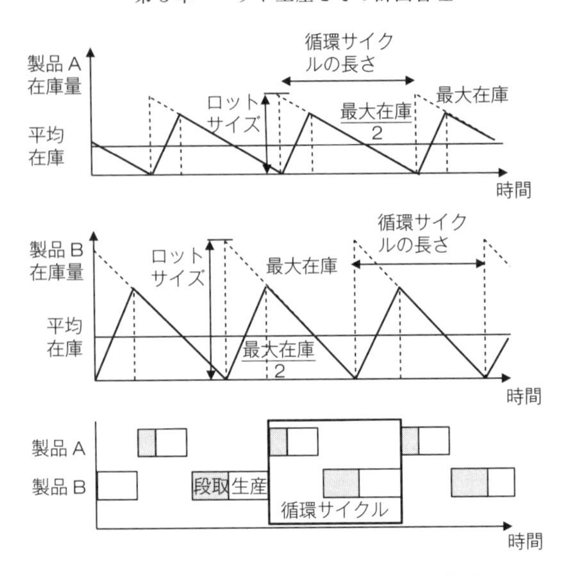

図 3.5　製品A，Bに対する固定ロットサイズかつ基本サイクリック・スケジュールによるロットスケジューリングの例

ABABCABABCABABC…の例ではABABCが循環サイクルとなるが，循環サイクルの中にABは2回に対してCは1回と異なっている．この例のように，製品によって循環サイクルに含まれる回数が異なる循環サイクルは変則循環サイクルと呼ばれる．

製品により段取回数が異なる下で，また，各製品の各ロットのロットサイズも異なる下で生産スケジュールを計画することは，製品品種数が増大するにつれて問題規模が大きくなり，最適化が難しくなる．また，たとえ最適解が得られたとしても，実問題への適用も難しくなる．固定ロットサイズに限定することで，かつ基本サイクリック・スケジュールに限定することで，全ての製品に共通する段取回数を決める問題になり，問題が単純化され，実適用も容易となる．

(a)　段取費と在庫費からなる総費用最小化ロットスケジューリング

生産能力に十分な余裕がなくなり，製品品種間の干渉も考慮するためには，全ての製品に関する総費用を最小化するロットサイズとそのスケジュールを計画する．生産能力に十分余裕がある場合の問題同様に定式化した段取費と在庫費からなる総費用を全ての製品に関して合計した総費用を各製品のロットサイズで最小化する[10)]．

$$\min_{Q_j} TC = \sum_j \left[cs_j \frac{D_j}{Q_j} + ci_j \left(1 - \frac{d_j}{p_j}\right) \frac{Q_j}{2} \right]$$

ここに，Q_j：製品 j のロットサイズ

D_j：製品 j の期間中の需要量

cs_j：製品 j の１回当たりの段取費

ci_j：製品 j の単位当たり，期間当たりの在庫費

T：計画期間の長さ

p_j：生産率（単位時間当たりの生産量）

d_j：製品 j の需要率（単位時間当たりの需要量 $d_j = D_j/T$）

循環サイクルの長さを L とすると，固定ロットサイズと基本サイクリック・スケジュールより，各製品のロットサイズは循環サイクル中の需要量に等しく設定する必要があることから，$Q_j = d_jL = D_jL/T$ より，先の目的関数は次のように置き換えられる．

$$TC = \sum_j \left[cs_j \frac{T}{L} + ci_j \left(1 - \frac{d_j}{p_j}\right) \frac{d_j L}{2} \right]$$
$$= \frac{T}{L} \sum_j cs_j + \frac{L}{2} \sum_j ci_j \left(1 - \frac{d_j}{p_j}\right) d_j$$

上の目的関数において，決定すべき変数は循環サイクルの長さLのみとなることから，先の問題は次のように循環サイクルの長さの決定問題に置き換えられる．

$$\min_L TC = \frac{T}{L} \sum_j cs_j + \frac{L}{2} \sum_j ci_j \left(1 - \frac{d_j}{p_j}\right) d_j$$

(b)　製品在庫を最小化するロットスケジューリング

総費用のうち段取費を問題にしない場合は，製品在庫の最小化により在庫費を最小化することが目的となる．ロットサイズを小さくすることで製品在庫は小さくできるが，無制限にロットサイズを小さくすることは．現実的ではない．そのため，段取時間と生産時間を考慮した上で，計画期間の長さの制約を考慮したロットスケジューリング問題が考えられている．

固定ロットサイズスケジュールを決定する問題は，循環サイクルの長さLの決定問題に置き換えられた．この循環サイクルの長さは段取回数Nと$N=T/L$の関係にある．したがって，段取回数に応じてかかる段取時間と製品の生産時間を計画期間の長さ以下とする制約の下で，製品在庫を最小とする段取回数を求める問題は以下のように表せる．

$$\min_N \frac{T}{2L} \sum_j \left(1 - \frac{d_j}{p_j}\right) d_j$$

subject to

$$N\sum_{j} ts_j + \sum_{j} D_j tp_j \leqq T$$

ここに，新たに追加された変数は，

ts_j：製品 j の段取時間

tp_j：製品 j の単位当たりの生産時間（$tp_j = 1/p_j$）

(2) ロットスケジューリング問題の解法

上で述べたロットスケジューリング問題は，次のように解くことができる．

(a) 段取費と在庫費からなる総費用最小化ロットスケジューリングの解法

ロットサイズ計画問題と同様，上で定式化した目的関数が下に凸の関数であることから，決定変数である循環サイクルの長さで微分して 0 と置くことで，目的関数を最小化する循環サイクルの長さ L が求められる．

$$\frac{dTC}{dL} = -\frac{T}{L^2}\sum_{j} cs_j + \frac{1}{2}\sum_{j} ci_j\left(1-\frac{d_j}{p_j}\right)d_j = 0$$

上式を L に関して解くと，総コスト最小とする経済的循環サイクルの長さ L^* が次のように求められる．

$$L^* = \sqrt{\frac{2T\sum_{j} cs_j}{\sum_{j} ci_j\left(1-\frac{d_j}{p_j}\right)d_j}}$$

$Q_j=d_jL$ より得られた L^* から，各製品の経済的ロットサイズ Q_j^* が次のように得られる．

$$Q_j^* = \sqrt{\frac{2Td_j^{\,2}\sum_j cs_j}{\sum_j ci_j\left(1-\frac{d_j}{p_j}\right)d_j}}$$

得られた Q_j^* により全ての製品を順に並べた循環サイクルを1循環サイクルだけ先行した下で繰り返すことで，総費用を最小化するロットスケジュールが得られる．

(b) 製品在庫を最小化するロットスケジューリングの解法

ロットスケジューリングの目的関数として，上で定式化した製品在庫は，段取回数 N の最大化により最小化できる．したがって，まず制約条件を満たす最大の段取回数 $\overline{N}$ を次のように求める．

$$\overline{N} = \left\lfloor \frac{T-\sum_j D_j tp_j}{\sum_j ts_j} \right\rfloor$$

ここに，$\lfloor x \rfloor$：x 以下の最大整数

$Q_j=d_j/N$ より，得られた $\overline{N}$ から各製品の最小ロットサイズ $\underline{Q_j}$ が求められる．得られたロットサイズ $\underline{Q_j}$ のロットを全ての製品について並べた循環サイクルを，1循環サイクルだけ先行した下で段取回数 $\overline{N}$ だけ繰り返すことで，製品在庫を最小化するロットスケジュールが得られる．

3.5 ロット生産方式の課題と発展

(1) 製品のグルーピング

ロット生産方式は，専用に近い汎用設備における段取替えにより，異なる製品の生産を可能としており，顧客の求める多様性に対応していると同時に，一度段取替えした後は効率性の高い生産が行われ，多様性と効率性の均衡を目指す生産方式と言える．ここで，段取替えは多様性に対応する意義はあるが，段取替えそのものは，直接的に製品の付加価値を高めるものではない．むしろその間にかかる時間や手間は効率性を低下させている．しかし，単に段取回数を削減すると，まとめて生産することになり，在庫負担が別の効率性阻害要因となる．多様性を損なうことなく効率性を高めることが課題となる．製品により段取替えの時間やコスト負担などに違いがある場合，それら負担の少ないグルーピングにより効率性を高めることが期待される．

(2) ロットサイズの動的変更

3.2 節や 3.3 節で述べたロットサイズは，各品目需要が一定速度で発生する定常状態を仮定していた．そのため，各品目で同一のロットサイズを設定していた．経済成長後の成熟社会においては顧客の価値観の多様性が増し，需要は不確実性が増すと同時に変動も激しくなっている．需要が変動すると最適ロットサイズも影響を受けることになる．多様性に対して効率的に対応するロット生産方式において，ロットサイズの動的変更が期待される．

(3) 生産拠点を取り巻く機能全体の最適化

ロット生産方式におけるロットにまとめた生産は，必要となる部品や構成品もまとめて必要になることを意味している．ロットサイズ決定やロットスケジューリングにおいて問題にした段取費や在庫費は最小化されているが，必要となる部品や構成品がまとまって必要となるコスト負担などの効率性評価は問題の対象に含まれていない．対象とする生産を取り巻く調達先や調達先からの物流なども含めた生産拠点を取り巻く機能全体の最適化が期待される．

第4章 効率性を重視するライン生産とその計画管理

生産した製品やサービスに求められる顧客価値において多様性よりも効率性が求められる際の生産方式としてライン生産方式が考えられる．

市場が成熟し，需要が安定してくるにつれて，多様性よりも，効率性が求められるようになる．数多くの顧客が，ごく限られた製品に集中するようになると，選ばれた製品を供給する生産者は，増大した需要に応えていくために，効率的生産による量産が求められる．また，そのために専用の生産設備が必要になる．ただし，成熟社会においては，顧客価値として多様性に応えることも求められることから，画一的製品を効率的に生産するばかりでなく，可能な種類の製品を生産することも求められる．そのような専用の生産設備を使用しながら，可能な製品品種の効率的生産を実現することが，ライン生産方式の目的になる．

ここでは，そのような顧客価値における効率性を重視するライン生産方式とその計画管理について述べる．

4.1 ライン生産方式

顧客価値として効率性を重視するライン生産方式は，例えば，自動車や家電製品，パソコンなど，数多くの顧客が使用する大規模複雑な製品を大量に，それも連続的に生産する場合に採用される．大規模でない場合や複雑でない場合，例えば食品などでも，ライン生産方式が採用される場合もある．

大規模で複雑な製品を大量にそれも連続的に生産するためには，専用の生産設備により連続的に生産する必要がある．ロット生産方式もある程度まとまった量を段取替えしながら生産していたが，ライン生産方式では，専用の生産設備で段取替えもなく，連続的に生産する．

また，成熟社会の顧客は，量産品にも他の顧客との違いを求める場合もあるが，そのような異なる複数種類の製品を生産する場合でも，効率的な生産を維持するためには，同一の生産工程で生産できることが前提となる．また，その際の作業は，短い時間で繰り返し生産しても同じ製品となるよう，専用の設備や作業者に対して標準化した単純作業となることが必要となる．そのようなライン生産方式がどのような方式か，その定義，特徴，留意点を述べる．

(1)　ライン生産方式の定義

ライン生産方式とは，“特定の品種の生産のために専用のラインを設置し，特定の品種を連続的に繰り返し生産する方式”[1)] と定義されている．その際のライン（生産ライン）とは，“製品が完成するまでに必要な一連の作業を幾つかの要素作業に分け，作業の手順に従って工程を配置した方式”[1)] と定義されている．連続的に生産される品目が，作業されて後続する工程に流れるように送られる様子から“流れ作業”と呼ばれることもある．

また，個別生産に対比して連続生産と呼ばれる生産形態の一種である．連続生産には装置産業の工場なども含まれるので，それらを除いた加工や組立における連続生産の方式がライン生産方式と言える．組立ラインや加工ラインなどと呼ばれる場合もある．

いずれにしても，効率性を重視するため，あらかじめ生産者が仕様を決定し，ごく限られた種類の製品を連続的に量産できるように，専用の生産工程を用意し，効率的生産を実現した生産方式がライン生産方式である．

(2)　ライン生産方式の特徴

ライン生産方式における需要と生産には次のような特徴がある．

まず，顧客からの需要は，製品の仕様・品質を生産者があらかじめ決定している場合の中でも，需要が十分に見込める場合にライン生産方式が採用される．顧客価値としての多様性よりも効率性を重視する製品であり，その仕様や品質を生産者が決定しており，さらにはその種類が限られることから，個々の製品に対する需要が見込め，また見通せることが，ライン生産方式の大きな特徴と言える．またその特徴により，連続的に生産することで効率性の向上を図り，結果として低価格に抑えることにより，需要増大につなげることを意図している．生産者が決定した製品の仕様・品質，さらには低価格であることから，顧客からの需要の納期は需要到着時，あるいはそこからあまり時間的余裕のない場合が一般的である．需要に変動があっても，大きな変動ではなく，製品在庫で吸収できる程度が期待される．また，製品はある程度長い期間でモデルチェンジすることで顧客要求の変化に対応することも前提としている．

一方，生産においては，製品の仕様・品質を生産者があらかじめ決定しており，また需要が十分見込めることから，専用の生産設備を用意して効率的生産を可能としている．その際，単一，あるいは限られた製品を連続的に生産するだけの十分な需要が見込めることから，専用の生産設備と同時に専門化・標準化した作業を作業者に割り当てることで，作業者にとって単純作業としている．その結果，専用設備で繰り返し生産すると同時に，専門化・標準化・単純化した作業により，作業者の作業習熟は他の個別生産方式やロット生産方式よりも短い期間となる．また，専用の生産設備を高い稼働率に維持することが求められることから，多品種の製品を生産する場合でも，生産工程が同一であると同時に，ロット生産方式のような段取替えを必要としないことが前提となる．結果として生産ラインの稼働率には，設備管理，特に保守が大きく影響することになる．生産者仕様の製品であると同時に，需要があらかじめ見込めることから，原材料や部品だけでなく製品も在庫として保持が可能であると同時に，保持した製品在庫により即納要求に応える必要がある．

(3)　ライン生産方式の留意点

ライン生産方式では，生産者が用意した仕様・品質の製品に十分な需要が見込めることから，専用設備を利用して効率性を図ることで低価格などの価格優位性を高めている．その際，規格化された標準品の需要が増大すると，顧客からの多様性の要求も強まってくる．そのため，効率的生産を維持しながら，多様性への配慮も取り入れた生産を可能としている．

ライン生産方式では，次のような留意点により，多様性にも配慮しながら効率性の重視が図られている．

まず，専用の生産設備を用意する際，生産効率を極限まで高めることに留意する必要がある．顧客価値として多様性よりも効率性を重視することから，限られた種類の製品をいかに効率的に生産できるかが重要である．用意した原材料，生産設備や作業者が活用されないと生産効率は低下してしまう．そのため，生産設備や作業者には，生産設備間や作業者間にバランスよく作業を割り当てるラインバランシングにより，稼働率を高めることが重要になってくる．

続いて，製品のモデルチェンジや生産計画を長期的に計画する必要がある．ライン生産方式では，生産効率を高めるため，専用の生産設備を使用している．そのため，製品がモデルチェンジされる場合には，生産設備変更や生産立ち上げ時の作業習熟などに必要な期間，生産効率は低下する．短い期間のモデルチェンジによる頻繁な生産効率低下を避けるため，長期的なモデルチェンジが望まれる．モデルチェンジばかりでなく，同一製品に対する生産計画についても，生産量変動は残業や外注などの増加につながり，生産効率低下を招くことから，長期的計画による安定的生産が望まれる．

さらに，需要変動に対して安定的生産を維持する際には，在庫量，特に製品在庫の削減が重要となる．安定的生産を維持するために，需要変動の吸収を製品在庫に頼りすぎると，製品在庫が増大することになる．また，取り扱う製品の種類数は限られているとはいえ，種類数に応じて製品在庫合計の増大が想定される．それらより，安定的生産と同時に在庫削減が重要になる．

作業者に関しては，作業生活の質（QWL：Quality of Working Life）に留意する必要がある．生産効率を高めるため，作業者には，専門化・標準化・単純化した作業を割り当てている．それにより，作業者が習熟する際の時間的ロス，作業が安定しないことやミスなどによるロスは抑えられている．一方，作業者にとっては単純な繰返し作業となることから，作業意欲や満足度の低下も想定される．作業者の満足度について把握すると同時に，定期的な職務配置転換（Job Rotation）や，職務拡大（Job Enlargement），職務充実（Job Enrichment）などにより，QWLを低下させない工夫が重要となる．

生産設備に関しては，設備稼働率を維持する設備管理や保守が重要となる．高度化した専用の生産設備は，高速・高性能である一方，十分な性能を発揮できない異常や，故障を回避するための設備管理や保守は，生産効率を維持する上で重要になる．

4.2　ライン生産方式の分類

多くの顧客に同一あるいは類似の製品を提供する必要性が増えていることから，ライン生産方式は，いろいろな生産活動で応用されていると同時に，以下に示す方式が含まれている．

(1) 単一製品ラインと多品種製品ライン

ライン生産方式の対象とする生産ラインにおいて，単一種類の製品を生産している場合は，単一製品ライン，あるいは専用ラインと呼ばれる．一方，複数種類の製品を生産している場合は，多品種製品ラインと呼ばれる．単一種類の製品を生産することで，効率性は高めやすい反面，多様性の観点からは多品種製品ラインが望まれる．多品種製品ラインでは，多様性を確保した影響で，効率性を犠牲にする必要がある状況をいかに克服して生産効率も維持するかが課題となる．

(2) ライン切替方式と混合製品ライン生産方式（混流ライン）

多品種製品ラインは，更にライン切替方式と混合製品ライン生産方式に分けられる．ライン切替方式は，ロット生産方式と同様に，ある製品を連続して生産した後，別の製品の生産に切り替えてからまたその製品を連続生産して，更に切り替えることを繰り返す方式である．一方の混合製品ライン生産方式は，単に混合ライン生産方式，あるいは混合ラインや混流ラインとも呼ばれる方式である．混合製品ライン生産方式では，生産する製品品種をばらばらの順序により混合した上で，連続して生産する方式である．

ロット生産方式において，別の製品に切り替えて生産する場合には，段取替えを必要としていたが，ライン切替方式において別の製品の生産に切り替える際には，段取替えを伴わないのが一般的である．段取替えを必要としないが，同一種類の製品を連続すると，繰り返し生産による生産効率の向上が期待できるものの，同一種類の製品在庫が積み上がることになる．一方の混合製品ライン生産方式では，複数種類の製品を混合して生産することで，各製品の在庫はバランスよく増加する，また製品による生産時間の変動を相殺することも可能であるが，同一種類の製品を繰り返して生産できないことによる生産効率低下も考えられる．

(3)　静止作業方式と移動作業方式

ライン生産方式における作業者が作業中，生産されている品目が静止している場合は静止作業方式，移動している場合は移動作業方式と呼ばれる．生産効率を高めるため，生産する品目は，工程間の移動をベルトコンベヤなどで自動化しているが，前者は，作業中にコンベヤを一旦停止させる方式である．一方，後者は作業中も移動し続ける方式である．移動作業方式では，流れるように移動する品目を移動しながら生産することから流れ作業とも呼ばれる．静止作業方式では，作業後に次の品目が移動してくるまで，その場で待つ必要がある．逆に移動作業方式では，作業後に次の品目の位置までさかのぼって移動する必要がある．

(4)　コンベヤ方式とタクト方式

コンベヤ方式は，生産する品目を工程間に移動させるためにベルトコンベヤなどを利用する方式である．自動車の組立工程などでは広く利用されているが，最近では，ハンガーで吊って移動する装置や，ロボットで品物を把持して次の工程に移動させる装置などもある．タクト方式は，監督者などが毎回の作業終了を（指揮者がタクトを振るように）各作業者に伝えて，次の作業に移る方式である．時間により強制的に作業終了とする強制タクト方式と，監督者などが作業状況を見ながら作業終了を伝える半強制タクト方式がある．コンベヤ方式では，コンベヤの移動速度により生産速度の調整が可能である．一方のタクト方式では，作業者による作業時間のばらつきを監督者などの判断で調整可能となる．コンベヤ方式，タクト方式のいずれも，作業中に静止することも，移動することも可能であり，静止作業方式や移動作業方式と組み合わせた方式，例えば移動作業式コンベヤ方式，静止作業式タクト方式などが可能である．

(5) 直線ラインとU字（型）ライン

通常，生産ラインは生産工程を直線的に配置した直線ラインが一般的であるが，最近では図 4.1 に示すように生産工程をU字型に配置したU字ラインも普及している．U字ラインは，U字型ラインとも呼ばれている．

一般的な直線ラインは，次のような特徴がある．コンベヤなどの

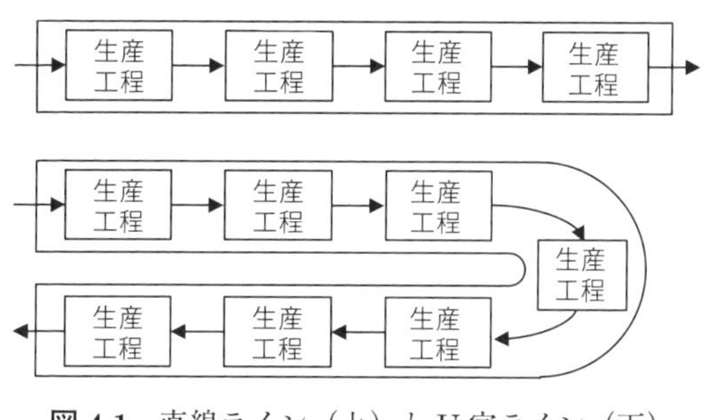

図 4.1 直線ライン（上）とU字ライン（下）

搬送装置により生産工程を連結して効率化を図る際，搬送装置の設置効率や配置された生産工程の単純化，各生産工程への部品供給の動線を考えると，生産工程を直線的に連結する直線ラインが望ましい．ただし，生産工程数や各生産工程の長さに応じて生産ラインの全長は増加し，長い工場建屋が必要となる課題もある．

一方，U字ラインは，直線ラインと逆に次のような特徴がある．U字ラインでは，ラインが直線でなく半分に折れ曲がっていることから，工場建屋の長さを抑えることが期待できる．また，ラインの先頭と終端が近いところにあり，生産の完成に応じた投入がしやすい特徴もある．一方，ラインの形状が直線よりは複雑になり，搬送装置の設置や，各生産工程への部品供給の制約が厳しくなる課題も考えられる．

4.3 ライン生産方式の計画管理

(1) 計画管理の手順

ライン生産方式は，ロット生産方式同様，見込生産の下で量産効果を狙って連続的に生産する方式である．違いは，ロット生産方式とは異なり，専用の生産設備を用意し，高い生産効率を実現するため，生産活動を繰り返し連続的に行うところにある．ただし，需要水準が大きく変化した場合には，工程の編成も変更する必要がある．そのため，ライン生産方式の生産計画とその計画に応じた生産活動，計画や活動に関係する顧客との関係は，図4.2のように表すことができる．

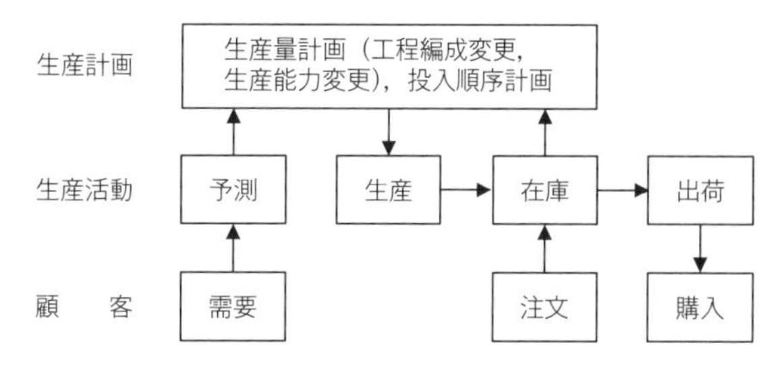

図 4.2 ライン生産方式における生産計画と生産活動，顧客

見込生産では，生産者により製品やそのための生産工程と生産設備が，あらかじめ計画され，顧客の注文到着前に準備されている．その上で，図 4.2 に示したように，生産者は顧客の需要を予測し，見込みで生産した製品を在庫しておく．顧客から到着した注文に対しては，在庫から引き当てて出荷すると顧客は注文した製品を購入する．顧客からの注文に引き当てられ，消費された在庫は，生産で補充するように生産計画に反映される．

ライン生産方式における生産計画では，生産量と投入順序が問題となる．ロット生産方式と同様，あらかじめ需要を見込むことができるライン生産方式では，到着する注文にすぐに対応できるように，あらかじめ生産し，完成した製品を在庫しておく．生産する各製品の生産量と生産ラインに投入し，生産する順序（投入順序）を計画する．

ライン生産方式の生産計画では，需要変動に対する対応が課題となる．ロット生産方式においても，ライン生産方式と同様に，需要予測に基づいて見込生産していた．しかし，ライン生産方式では，ロット生産方式とは異なり，専用の生産設備を使用した連続生産により，生産効率を高めることを意図している．そのため，生産効率を維持しながら，いかに需要変動に対応するかが課題となる．

ライン生産方式における生産計画では，需要変動に対して3種類の方法により対応する．まず，比較的小さな需要変動については，製品在庫により吸収する．これにより，生産量を安定化すると，効率的な連続生産の維持が期待できる．また，多種類の製品を混合して生産している場合には，多種類の製品の投入順序により，需要変動を吸収する．製品在庫による吸収が難しい，あるいは吸収しきれない需要変動に対しては，残業や休日出勤など，さらには，昼勤・夜勤・深夜勤などシフトの増減により生産能力を調整することで対応する．更に大きな需要変動に対しては，工程数の増減などを伴う工程編成の変更により対応することになる．

(2)　計画管理の方法

ライン生産方式の計画管理では，ロット生産方式と同様に，期間計画法が基本となる．ライン生産方式では，生産計画として生産量と投入順序を計画する．その際，状況によっては，生産ライン編成や生産能力の変更を計画する．それらの計画には，需要量，それもある期間の需要量の情報が必要となる．そのため，対象とする期間を設定し，その期間における需要量から計画する期間計画法が一般的である．一部の例を除いて時点計画法はあまり見られない．

期間計画法による生産計画では，対象とする計画期間に対する各製品の需要量から，対象期間の生産量を計画する．その際には，ある一定期間にまとめた需要の見込み量をもとに計画する．ロット生産方式の期間計画法と同様，見込みにずれ，すなわち需要の予測誤差によって生産量が需要量に対して過不足が生じると効率性が低下する．また，予測は正確であっても，需要が変動することから対象期間中の生産量が変動すると，能力の過不足により効率性が低下する．そのため，極力，安定的生産となるような計画，あるいは生産能力調整や工程編成の変更が期間計画法の目標となる．

安定的生産のためには，期間中の総需要量を期間中に平準化，すなわち平均化することで，変動を相殺し，安定化することが考えられる．その際の期間中の総需要量が生産能力を超える場合には，生産能力の調整や工程編成の変更により，生産量に見合う生産能力や工程編成に調整することで効率的生産の維持を図る．変動の相殺効果を期待して対象期間を長くすることも考えられる．例えば，1週間の需要量の変動をならした場合よりも，1か月でならしたほうが，より安定した生産量となる．また，安定した生産量となることは，生産能力調整や工程編成の変更を抑えるためにも有効である．一方，対象期間を長くするには，より先の需要を予測する必要があり，需要予測の不確実性の増大，すなわち需要の予測誤差の増大に留意しておく必要がある．

期間計画法が一般的なライン生産方式においても，時点計画法を採用する例として生産座席予約方式があげられる．需要量に変動がある場合において，需要時期を前後にずらすことができれば，生産を安定化させ効率的生産の実現が可能となる．そのため，あらかじめ安定的な生産能力や生産量となるように，生産座席という形で計画しておいて，需要が到着すると，用意した生産座席に割り当て予約していく．その際，用意した生産座席と比較して予約の過不足があると効率性や経済性が低下する．しかし，そのような問題は，顧客の需要時期を前後に調整できれば解決され，安定的生産が可能となる．そのような生産座席に到着した需要を割り当てて予約していく計画は，生産座席予約方式と呼ばれ，時点計画法の一例と考えることができる．時点計画法では，用意した生産座席を埋める需要が到着すること，需要変動がある場合に，生産者の都合に合うように需要時期を前後にずらせるかどうかが重要となる．

4.4 生産ラインの編成とラインバランシング

(1) 生産ライン編成問題と手順

効率性を重視して連続生産するライン生産方式では，効率的生産ラインか否かが重要となる．そのため，生産ラインを編成する問題が重要になる．生産ライン編成問題では，生産するサイクルタイム，生産ラインを構成する生産工程数，各生産工程に割り当てる要素作業，工程間在庫などを計画する．その際，次のような手順により生産ラインを編成する．

(a) サイクルタイムの決定　サイクルタイムはピッチタイム，あるいはタクトタイムとも呼ばれるが，生産ラインから製品が生産される時間間隔を意味する．サイクルタイム c は，次のように求められる．

$$c = \frac{A}{D}$$

ここに，A：計画期間中の稼働予定時間

D：計画期間中の生産計画量

上式で得られたサイクルタイムは，生産計画量が大きく増加した場合などには，必ずしも実行可能とは限らない．また逆に生産計画量が大きく減少した場合などには，非効率な値となる場合もある．そのような場合には，残業やシフト，休日などによる稼働予定時間を調整の上，サイクルタイムを決定する必要がある．

多種類の製品を生産する混合ラインでは，計画期間中の全品種の生産計画量合計で稼働予定時間を割ってサイクルタイムを求める．

(b) 最小生産工程数の算定　生産に必要な最小生産工程数 $\underline{N}$ は，得られたサイクルタイム c と製品を生産するために必要な全ての要素作業時間 t_i の和 $T=\sum_i t_i$ から次のように求められる．

$$\underline{N}=\left\lceil \frac{T}{c} \right\rceil$$

ここに，$\lceil x \rceil$：x 以上の最小整数

この最小作業工程数は，理想的な作業編成ができたときに得られる最小の作業工程数を意味しており，作業編成の結果によっては必ずしもこの工程数は得られないことに注意が必要である．

多種類の製品を生産する混合ラインでは，製品を生産するために必要な全ての要素作業時間を各製品の生産計画量で重み付けした総作業時間を，サイクルタイムと総生産計画量の積で割って求める．

(c) 先行順位図の作成　製品の生産に必要な要素作業間の先行関係を表した図は，先行順位図と呼ばれている．別の要素作業の完了が開始の条件になっている場合，先行する要素作業とそれに続く

要素作業を矢印でつないで表す．先行する別の要素作業に対して更に先行する要素作業は，間接的な先行関係と言えるが，先行順位図では，そのような間接的先行関係は省略し，全ての要素作業における直接的先行関係のみ表示している．図 4.3 に先行順位図の例を示す．

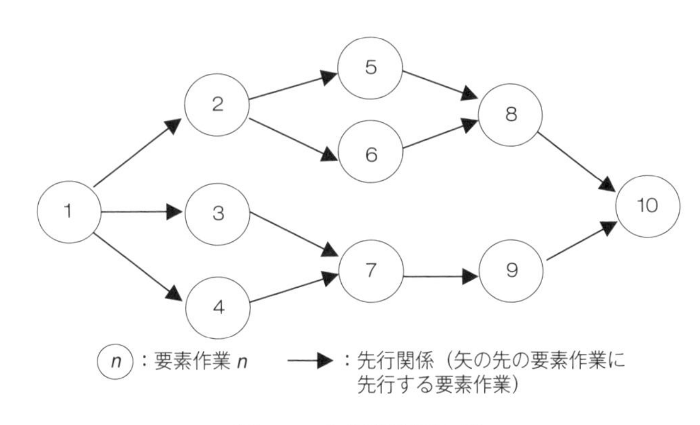

図 4.3 先行順位図の例

要素作業を生産工程に割り振る際に，要素作業間にある先行関係を明らかにし，その関係を踏まえて割り当てる必要がある．

多種類の製品を生産する混合ラインにおいて，製品によって要素作業が異なる場合には，各製品の先行順位図から，それらを一つにまとめた統合先行順位図を作成して作業編成に使用する．

(d) 作業編成（ラインバランシング） 要素作業を生産工程に割り当て，生産ラインによる分担作業を編成することが作業編成である．その際には，生産ラインの各生産工程にバランスよく割り当てられる必要があることから，ラインバランシングと呼ばれている．

どの程度バランスよく編成されているかを評価する指標として，以下の式に示す編成効率ηが利用される．

$$\eta = \frac{T}{Nc}$$

ここに，N：作業編成の結果得られた生産工程数

(e)　**工程間在庫あるいは作業域の決定**　各生産工程に割り当てられた要素作業の時間にばらつきがある場合，工程間在庫を用意する，あるいは作業域に余裕を持たせることで，作業時間のばらつきを吸収し，変動しても後続工程に影響しない効率的生産が維持できるようにする．ただし，不必要な工程間在庫や作業域の余裕を避け，適切な量の決定が求められる．

(2)　ラインバランシング問題

生産ライン編成問題の中でも，各生産工程に要素作業を割り当てる問題は，ラインバランシング問題として取り扱われている．

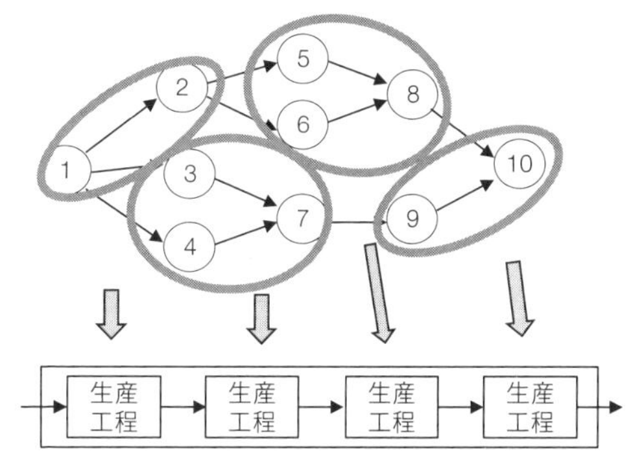

図 4.4　ラインバランシング問題の概念図

ラインバランシング問題では，図4.4に示すように，製品を生産するために必要な全ての要素作業をいずれかの生産工程に割り当てる．

その際には，各生産工程に割り当てられた要素作業の合計時間がサイクルタイム以下となるように割り当てる．併せて，要素作業の先行関係を踏まえて，全ての要素作業について，先行する作業が同一の生産工程か先行する生産工程に割り当てられるようにする．さらに，生産工程間で割り当てられた作業時間合計がなるべく均等になるように割り当てる．その結果，作業者や生産機械の生産中に生じる遊休が抑えられ，要求される生産量が効率的に達成されることになる．

ラインバランシング問題には，先に述べた一般的な問題以外にも，生産工程数を与えた下で，サイクルタイムを最小にする作業編成を求める問題，サイクルタイムを与えて最小作業工程数となる作業編成を求める問題など，幾つかの問題が考えられている．

また，扱う対象の違いから，複雑なラインバランシング問題も考えられている．多種類の製品を生産する混合ラインでは，各製品に対して先行順位図を一つに統合した統合先行順位図に含まれる全ての要素作業を生産工程に割り当てる．また，U字ラインの場合，生産工程に要素作業を割り当てるだけでなく，作業者を複数の生産工程に割り当てる，その際，必ずしも先頭から順に並んだ隣接生産工程だけでなく，U字に曲がった生産ラインにおいて近接する生産工程にも割り当てる問題が考えられている．

さらには，生産時間が確率的に変動する場合や，生産時間が習熟効果により減少していく影響を考慮したラインバランシング問題，製品の組み立てではなく分解作業のラインバランシング問題なども考えられている［詳しくは，参考文献 11)，12) を参照.］.

(3)　ラインバランシング問題の解法

ラインバランシング問題は，整数計画問題，あるいは混合整数計画問題として定式化すると，それら数理計画問題を解くソルバーなどを使って厳密解などを得ることが可能である．また，組合せ最適化問題として表すことも可能なことから，分枝限定法を応用した厳密解法も提案されている．ただし，自動車など約３万点とも言われる部品を組み立てる生産ラインのように，規模の大きい生産ラインのラインバランシング問題は，定式化できても厳密解を得ることは難しい．そのため，これまでいろいろな発見的解法，あるいは遺伝的アルゴリズムやアニーリング法などのメタヒューリスティクスを応用した近似解法が考えられてきている．

それらの発見的解法の中で，Helgeson and Birnie[13)]は，次のような簡単な手順で作業編成する位置的重み付け法を提案している．

1)　各要素作業について，当該作業と後続する全ての要素作業の作業時間の合計から位置的重みを計算し，その降順に要素作業を並べる．

2)　第１生産工程から順に，次のルールで未割り当ての要素作業を生産工程に割り当てる．

ルール１：位置的重みの重い要素作業から順に検討する．

ルール２：先行関係から割り当て可能な要素作業を検討す

る．

ルール3：生産工程に割り当てした要素作業の作業時間合計がサイクルタイムを超えないように割り当てる．

3) 要素作業が残っている間，生産工程を追加して割り当てを続ける．

この方法は，発見的解法であることから，厳密解が得られる保証はないものの，簡単で実用的な方法と言える．

4.5 ライン投入順序計画

(1) ライン投入順序計画問題

多種類の製品を混合して生産する混合製品ラインでは，製品の投入順序を計画する必要がある．単一製品を生産する単一製品ラインでは，投入する製品は1種類であり，その順序は問題とならない．一方，多種類の製品を混合して生産する混合製品ラインでは，生産する多種類の製品それぞれが混合して生産されるため，投入して生産する製品の順序を計画する必要がある．

混合製品ラインの投入順序は，在庫量の削減を図る投入順序とする必要がある．ロット生産方式では，異なる製品の生産に切り替える際に段取替えが必要となることから，同一製品をまとめて投入することで生産効率向上が期待できた．もちろん，まとめて生産することで製品在庫が増大するデメリットもあることから，必ずしもできるだけまとめることが望ましいとは言えなかった．一方，ライン生産方式では，異なる製品品種に切り替える場合にも段取替え不要を前提としていることから，ロット生産方式のようにまとめて投入する必要はない．したがって，混合製品ラインの投入順序を検討する際には，投入する順序により影響を受ける，生産の遅れや進み，製品在庫や部品在庫を抑えるような投入順序とする必要がある．

混合製品ラインでは，これまで次のような投入順序計画問題が考えられている．

(a) 生産の遅れや進みを抑える投入順序計画問題 生産する製品品種によって生産工程に割り当てられた生産時間に違いがある場合に，割り当てられた生産時間が長い製品が続けて投入されると生産に時間がかかり，ある品目の生産が終わって次の品目の生産までの余裕がなくなり，遅れの発生につながる．逆に割り当てられた生産時間が短い製品が続けて投入されると生産が早く進み，生産が終わって次の生産までの遊休が生じることにつながる．ここでは，そのような生産の遅れや進みを抑える投入順序の計画を問題にしている．

(b) 部品在庫量を抑える投入順序計画問題 製品の生産は，製品に必要な部品の消費に直結することから，製品生産の投入順序は，部品消費速度の増減に影響し，結果として部品在庫量の増減に影響する．そのためここでは，部品在庫量を抑える投入順序の計画を問題にしている．

(2) ライン投入順序計画問題の解法

一般に順序を決める問題は，問題規模が大きくなるにつれて組合せの数が膨大になり，現実的規模の問題について最適解を求めることは難しい．そのため，上で述べた2種類のライン投入順序計画問題に関する解法についても発見的解法が提案されている．

(a) 生産の遅れや進みを抑える投入順序計画問題の解法

ここでは，生産比逆数法[1)]と呼ばれる方法を紹介する．生産比逆数法では，生産の遅れや進みは，同じ品種の製品を投入することで増大することから，できるだけ異なる品種の製品を投入する．ただし，生産量の多い製品は投入量も多くなることが避けられない．生産量の多い製品から，極力同じ製品が続けて投入されない順序にする．また各製品の生産量が大きくなると，順序の組合せが膨大になるので，最小限の組合せを求めてその繰り返しにより，全体の投入順序を求める．生産比逆数法では，次のような手順で投入順序を計画する．

1) 各製品 i の生産量 d_i から最大公約数を求め，その数で生産量を割った各製品の生産比 x_i，その逆数 $y_i=1/x_i$ を計算する．
2) 全ての製品 i について $u_i \leftarrow y_i$ と設定し，$k=1$ とおく．
3) 次式より第 k 番目に投入する製品 p を割り当てる．ただし，複数ある場合は製品番号の小さいもの，連続して投入することになる場合はその次に小さいものとする．

$$p = \underset{i}{\operatorname{argmin}}\, u_i$$

4) $u_p \leftarrow u_p + y_p$，$k \leftarrow k+1$ として，$k<K$ ならば 3) に戻り，そうでなければ次に進む．ここで，$K=\sum_i x_i$
5) 得られた順序を最大公約数の回数だけ繰り返す順序で投入する．

(b) 部品在庫量を抑える投入順序計画問題の解法

ここでは，目標追跡法[14]と呼ばれる方法を紹介する．製品によって部品の種類とそれぞれの必要量が異なるとき，部品消費量の安定化が部品在庫量の抑制につながる．部品消費量の安定化には，各部品が安定して消費される目標消費量からの乖離を求め，その乖離値を抑えるように投入する製品の品種を求めていけばよい．目標追跡法では，そのような考え方から次のような手順で投入順序を求めている．

1) 製品 i の k 番目までの累積投入量 X_{ik} を $k=1$, $X_{i0}=0$ ($i=1, \cdots, I$) と初期化する．

2) 各部品の必要量 $\sum_i a_{ij}d_i$ (d_i：製品 i の生産量，a_{ij}：製品 i の1単位の生産に対する部品 j の必要量) を製品の総生産量 $\sum_i d_i$ で割ることにより，各部品の理想的な投入比率 α_j, $j \in J$ (J：部品の集合) を計算する．

$$\alpha_j = \frac{\sum_i a_{ij}d_i}{\sum_i d_i}$$

3) k 番目に製品 i を投入するとしたとき，各部品投入の実績値と目標値の差の平方和の平方根から，製品 i を投入するときの目標との乖離値 E_i, $i \in I$ (I：製品の集合) を求める．

$$E_i = \sqrt{\sum_{j \in J} \left[k\alpha_j - (X_{i,k-1} + a_{ij}) \right]^2}$$

4) 乖離値 E_i を最小とする製品 i を k 番目の投入製品 i^* に決定し，累積投入量を次のように更新する．

$$X_{ik} = \begin{cases} X_{i,k-1} + a_{ij} & i = i^* \\ X_{i,k-1} & \text{その他の場合} \end{cases}$$

5) $k = K$ $(K = \sum_i x_i)$ ならば終了し，そうでなければ $k \leftarrow k+1$ として 3)に戻る．

4.6 ライン生産方式の課題と発展

(1) 作業時間の短縮

ライン生産方式において効率性を高めるためには，まず作業時間の長い要素作業の作業時間短縮が重要となる．作業時間の長い要素作業がある場合でも，各生産工程に割り当てる作業時間を均等化する作業編成により対応できれば問題とならない．しかし，一つの要素作業の作業時間がサイクルタイムを超える場合には，要素作業を分割する，あるいは作業時間を短縮しない限り，サイクルタイムごとに製品を生産できない．そのため，問題となるような作業時間の長い要素作業については，作業研究・時間研究の方法を活用した作業改善により作業時間の短縮を図る必要がある．その際には，組み立てる部品供給方法の工夫，あるいは，部品をモジュールにまとめてから生産ラインで組み付けるなど，段取りや作業そのものを生産ライン外の作業とするなどの対応が考えられる．

(2) 作業時間の変動抑制

ライン生産方式における効率性を高めるには，作業時間の長い要素作業の時間短縮ばかりでなく，作業時間変動の抑制が求められる．作業時間が変動し，長い作業時間となる場合には，生産工程において遊休などの発生，あるいは作業の遅れにつながり，結果として生産効率が低下することになる．

作業時間の変動要因は，作業の不確実性・不安定性，設備・治工具の不具合，作業編成における編成ロス，及び多種類製品の作業における品目間ばらつきなどが考えられる．作業の不確実性・不安定性及び設備・治工具の不具合については，作業方法の検討，作業標準の徹底，設備や治工具の保守などにより確実な作業とする作業改善や作業を支援するナビゲーションシステムなどの活用が考えられる．また抑制しきれない変動には，工程間在庫や作業域余裕などのバッファによる吸収が考えられる．二つめの変動要因である作業編成による編成ロス，及び三つ目の変動要因である多種類製品の作業における品目間ばらつきについては，ラインの一部を別ルートにするバイパスラインやライン分割による対応などが考えられる．

(3) 不良品生産の削減

ライン生産方式における効率性を高めるには，不良品生産を削減する必要がある．短い時間で対処可能な品質不良でも生産時間の変動による生産効率低下につながる．さらに，手直しなどの再作業や，部品など廃棄を伴う品質不良は，連続生産による生産効率の大きな低下につながる．そのような品質問題については，品質改善の活動，各生産工程の自工程完結化の活動，あるいは品質検査による品質不具合の後工程への流出防止などの活動が望まれる．

(4)　原材料や部品の供給効率化

効率的生産には，生産に必要な原材料や部品が用意できていることが大前提になる．しかし，生産に迷惑をかけない供給を重視するあまり，原材料や部品の過剰な在庫を保有することは，別の意味で効率を損なうことになる．極力，原材料や部品の在庫は抑えつつ，効率的生産を損なわない原材料や部品の供給が求められる．そのためには，原材料や部品を必要とする生産と，その生産を支える供給の連携が求められる．製品を生産する生産拠点と原材料や部品のサプライヤとの連携，製品の生産拠点と部品の生産拠点間の連携，さらには，それらをつなぐ物流の連携が求められる．

(5)　モデルチェンジの負担削減

ライン生産方式では，専用の生産設備を用意することで，連続生産による生産効率向上を図っている．新製品導入やモデルチェンジなどにより生産する製品の変更は，生産ライン変更に大きな負担をかけることになる．そのような課題に対しては，生産ラインに与える影響の小さいモデルチェンジとする対応，あるいは，モデルチェンジによる変更があっても生産設備変更を不要，あるいは最小限に抑えられる柔軟な生産ラインによる対応が考えられる．

第5章 効率的生産を支える生産拠点の連携とその計画管理

現代の複雑化した製品を生産するには，複数の生産拠点による生産が避けられなくなり，効率的生産には，生産拠点の連携が必要不可欠になっている．

これまでは，一つの生産拠点における生産方式として，個別生産方式，ロット生産方式，及びライン生産方式と三つの生産方式について述べ，それぞれ多様性や効率性を高めるための計画管理の問題と解法や方式について述べてきた．生産工程において多様性や効率性を高めるには，そのような生産方式に大きく依存すると同時に，前後に生産工程がある場合には，それら前後の生産工程との連携が重要となる．中でも，生産工程で多様性や効率性を高める生産活動を遂行可能とするために，生産に必要となる原材料や部品の調達が重要となる．

現在，製造業などのSCの混乱や分断がますます問題となっている．自動車など複雑な製品の製造業では，生産拠点が連なったSCの中でも地球規模で連なったグローバルサプライチェーン（GSC：Global Supply Chain）が一般的になっている．そのようなGSCでは，グローバルに展開したSCであるがゆえ，いずれかの地域で発生する自然災害などの影響を受けるリスクは高まり，部品供給の一次的停止や混乱によるSCの混乱や分断が生産拠点における生産停止や生産縮小などにつながる問題を発生させている．

SC の混乱や分断を十分な在庫で備えることは現実的ではない．SC の混乱や分断が発生してもその混乱や分断を凌ぐだけの十分な在庫を持つことができれば，前後の生産拠点と独立して計画可能にはなるが，そのための在庫保有の負担が重くなり，実現可能な方法とは言えない．

そのため，関係する生産拠点との間に変動やリスクがある場合に，在庫保有の適切な水準が問題となる．またそのときの在庫補充や調達により，拠点間の連携を継続する方法が問題となる．

ここではそのように効率的生産に必要不可欠な生産拠点連携のための在庫管理と在庫品調達の計画管理について述べる．

5.1 在庫管理と調達方式

(1) 在庫管理の問題

複数の生産工程を経て生産活動が行われる場合，それらの生産工程における生産活動は同期する必要がある．これまでの生産方式の説明では，生産拠点が一つの場合を前提としていた．現在の一般的な製品では，複数，中には数多くの部品からなる複雑な部品構成，また，製品生産には幾つかの生産工程を経る必要がある．例えば，製品の生産工程を部品生産工程と製品生産工程の二つに分割し，それらが別の生産拠点となる場合，部品生産に必要な原材料は部品生産を開始するまでに調達しておく必要がある．同様に，製品生産に必要な部品は製品生産を開始するまでに用意しておく必要がある．

すなわち，各生産拠点における調達と生産，更に部品生産拠点における生産完了と製品生産拠点における製品生産の開始が同期する必要がある．

生産活動における生産拠点と在庫の関係を図 5.1 に示す．幾つかの生産拠点があり，生産拠点間の同期を阻害する要因がある場合，在庫による対応が考えられる．ある拠点における生産量や生産時期に変動がある場合，上流はそれらの変動の影響を受ける．それぞれの生産拠点において変動する生産量や生産時期が生産拠点間で連携しきれないことから生じる差異は，それぞれ原材料・部品・製品に在庫を保有することで吸収する必要がある．結果として，図 5.1 に示すような各種の在庫が生産拠点間に必要となる．さらには生産拠点間に搬送工程があり，搬送工程の搬送量や搬送時期が前後の生産拠点と連携しきれないことから生じる差異は，その前後に在庫を保有することで吸収する必要がある．

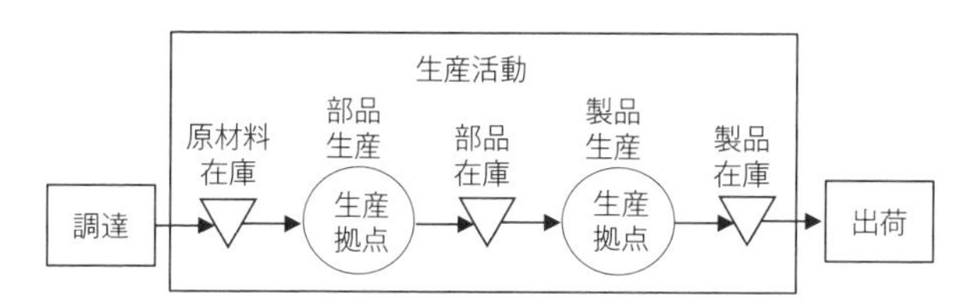

図 5.1 生産活動における複数の生産拠点と在庫

生産方式それぞれで必要となる在庫を表 5.1 に示す．表 5.1 に示すように，生産方式によって必要となる在庫が異なる．個別生産方式では，受注してからの生産となることから，製品在庫は必要としないが，注文に対して個別に生産する際の原材料や部品の在庫，ま

表 5.1　生産方式と在庫

生産方式	在　庫		
	原材料・部品	工程間在庫	製　品
個別生産方式	○	○	なし
ロット生産方式	○	なし，○	○
ライン生産方式	○	なし，最低限	○

た工程間在庫が必要となる．ロット生産方式では，見込みで生産する際の需要に変動があると，また需要量や調達量と異なる生産量をロットにまとめて生産するため，製品や部品の在庫が必要となる．また，装置産業のように生産工程が連結したロット生産の場合には工程間在庫はないが，工程間が連結していない場合には，それぞれの工程間に在庫が必要となる．ライン生産方式では，ロット生産方式と同様，見込みで生産する際の需要に変動がある中，連続的に効率的生産を行うため，需要変動に対応するための製品在庫，また，別の生産拠点から供給を受ける部品供給の変動に対応する部品在庫が必要となる．ライン生産方式を採用している場合には，生産工程間在庫はない，あるいは必要最低限に抑えられている．

例えば，自動車や家電製品など複雑な製品の生産活動では，最終製品にライン生産方式を採用し，プレス機械などを使用した自動車部品の生産にはロット生産方式を採用していることが一般的である．さらに，それらライン生産方式やロット生産方式を採用している生産工程の生産設備やその部品の生産は，個別生産方式を採用している場合が一般的である．そのため，ライン生産方式を採用している複雑な製品の生産拠点では，製品の在庫と必要な部品在庫が管理対象となる．ロット生産方式を採用している部品の生産拠点では，生産している部品在庫と共にその部品生産に必要な原材料や部品の在庫が管理対象となる．さらに，個別生産方式を採用している生産設備の生産拠点では，生産設備の原材料や部品の在庫が管理対象となる．

(2)　定量発注方式

在庫を中心に考えると，在庫が品切れにならないと同時に多すぎないように，在庫を確認しながら適宜補充するための調達発注指示が必要となる．そのような調達発注の方式の中でも，一定量の発注量を発注する方式は定量発注方式と呼ばれる．中でも在庫量が発注点と呼ばれる一定量になった時点で発注する方式は，発注点方式と呼ばれる．

図 5.2 は，定量発注方式の中でも発注点方式の在庫推移を調達リードタイムが短い場合 (a) と長い場合 (b) について示している．調達リードタイムが短い場合，発注した調達が納入される時点まで在庫は減少を続け，納入されると発注量だけ在庫が増大し，そこからまた需要に応じて減少する．一方，調達リードタイムが長くなり，納入までの需要が発注した量を超える場合には，過去に発注した調達が納入される前に次の発注をしないと調達が需要に間に合わなくなる．その結果，発注した調達が納入された時点では，既に次の調達は発注済みとなっている．そのため，調達リードタイムが長くなるのに応じて発注時期を決める発注点は高く設定される必要が

ある．併せて，保有している手持ち在庫量に発注済みの発注量を加えた有効在庫量［図 5.2 (b) の点線］を発注点と比較し，発注点以下となった時点で発注する必要がある．

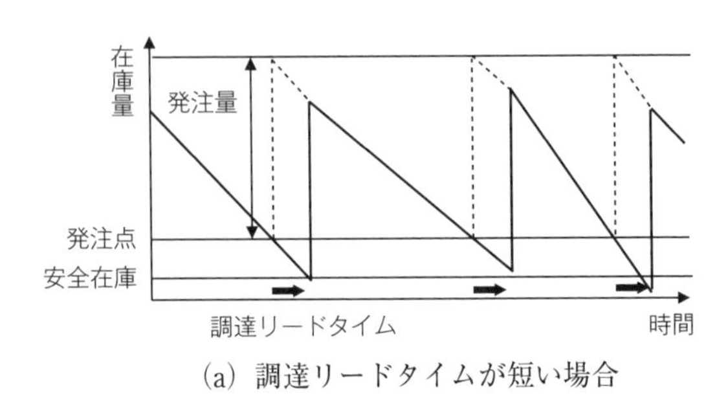

(a) 調達リードタイムが短い場合

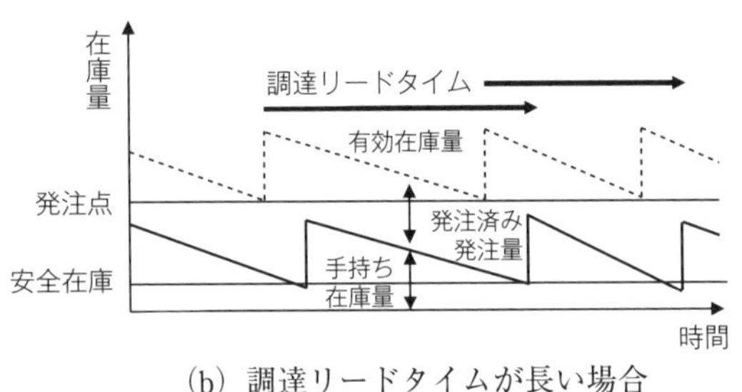

(b) 調達リードタイムが長い場合

図 5.2　定量発注方式（発注点方式）の在庫推移

定量発注方式は，発注の手間を省略したいときに採用する方式である．原材料や部品などの品目数が多くなると入庫や出荷の処理の手間やそのための人件費負担も増加することになる．定量発注方式は，そのように品目数が多くなった場合において，場所を取らない小さな部品や安価な部品で在庫保持にかかる費用よりも発注にかかる費用や手間を節約したい品目の発注に利用される．

発注点方式における発注点OPは，発注するときの在庫量を意味している．発注してから納入されるまでに調達リードタイムがかかる場合，その期間の需要をまかなうだけの在庫量に設定される．さらに，その需要量に変動がある場合や調達リードタイムに変動がある場合，それらの変動を吸収する安全在庫Sを加えて計算される．需要量に変動があるが，調達リードタイム一定の場合の発注点は，次のように求められる．

$$OP = L\overline{D} + S = L\overline{D} + \alpha\sqrt{L}\sigma_D$$

ここに，L：調達リードタイム

$\overline{D}$：単位期間当たりの需要量

α：安全係数

σ_D：単位期間の需要量の標準偏差

なお，安全係数は，在庫の品切れ確率から求める方法や，品切れの損失と在庫保有の費用から求める方法などが提案されている．

一定量である発注量Qは，ロット生産方式におけるロットサイズと同様，在庫に関係する総費用を最小化する量に設定する方法が考えられている．発注量は一括納入されることが一般的であることから，ロット生産方式におけるロットが一括在庫となる場合における総費用の定式化と同様，発注費（ロット生産方式の段取費）と在庫費からなる総費用を最小化する発注量は次のように定式化できる．

$$\min_{Q} TC = co\,\frac{D}{Q} + ci\left(\frac{Q}{2} + S\right)$$

ここに，Q：発注量

D：期間中の需要量

co：1回当たりの発注費

ci：単位当たり，期間当たりの在庫費

S：安全在庫

定式化した総費用を最小化する発注量は，ロットサイズ決定問題と同様に総費用の関数をロットサイズに関して微分してその値が0となる発注量を求める．その際，ロットサイズ決定問題では問題にしていなかった安全在庫Sは，発注量Qとは独立であることから，ロットサイズにより微分する際，定数として消去されると，

$$\frac{dTC}{dQ} = -co\frac{D}{Q^2} + ci\frac{1}{2} = 0$$

上式をQに関して解くと，総コスト最小とする経済的発注量Q^*が次のように求められる．

$$Q^* = \sqrt{\frac{2coD}{ci}}$$

定量発注方式としてここで挙げた発注点方式に関連して，発注点sになった時点で補充点Sとなるように発注する補充点方式［(s,S)方式］や，一定間隔で在庫を調査して発注点以下ならば補充点まで発注する定期補充点方式［(R,s,S)方式］なども提案されている[14]．

(3)　定期発注方式

調達発注の方式の中でも，一定間隔ごと定期的に発注する方式は定期発注方式と呼ばれる．図5.3は，定期発注方式の在庫推移を調達リードタイムが短い場合(a)と長い場合(b)について示して

いる．調達リードタイムが短い場合は，発注して調達リードタイム後に納入され，その後，あらかじめ決められた発注間隔後に次の発注が行われる．しかし，調達リードタイムが長くなり発注間隔より長くなると，先に発注した調達が納入される前に次の調達が発注されることになる．その結果，常に発注済みの発注量がある状態のまま，新たな発注を計画することになる．

定期発注方式は，定期的に需要が見込める品目に対する調達に利用される．需要が見込めることから，見込める需要を予測して，一般に定量発注方式よりも短い発注間隔で定期的に調達する．定期発

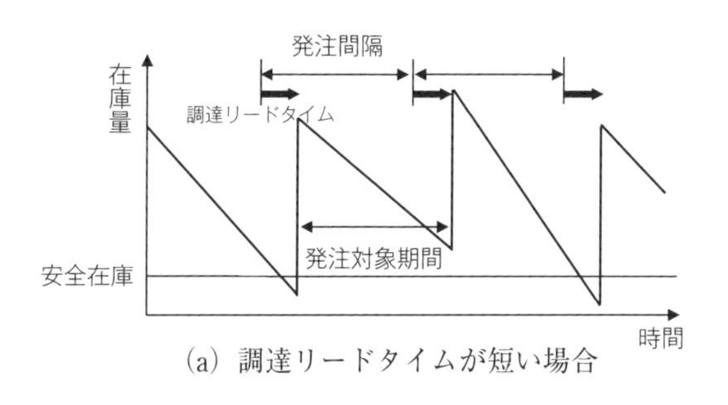

(a) 調達リードタイムが短い場合

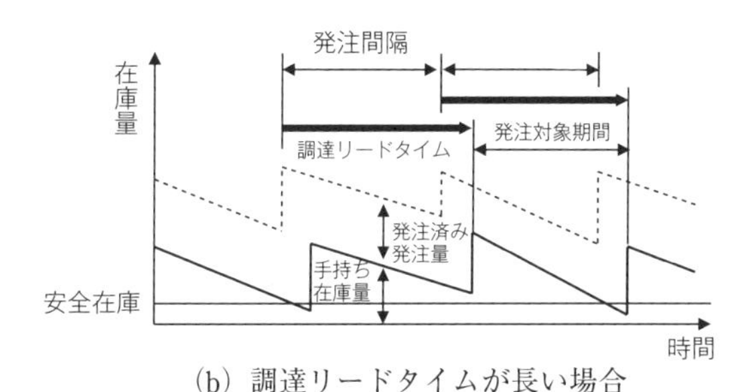

(b) 調達リードタイムが長い場合

図 5.3　定期発注方式の在庫推移

注方式は，そのように頻繁に発注することにより，在庫削減を図りたい場合に採用される．

定期発注方式における発注対象期間は，図5.3に示すように，発注した量が納入されてから次の発注量が納入されるまでの期間となる．したがって，発注間隔 t の終わりに計画する発注量 O_{t+1} は，その発注対象期間 $t+1$ の需要量を現時点 t における過去の実績から時系列解析手法などにより予測した予測値 $\widehat{D}_{t:t+1}$ から求められる．その際，現在の手持ちの在庫量 I_t を差し引き，安全在庫量 S を加えて，次のように求める．

$$O_{t+1} = \widehat{D}_{t:t+1} - I_t + S$$

このときの安全在庫量は，変動する在庫量が品切れにならないように備えるための在庫であり，その量は品切れによる損失や在庫の負担などから決められる．

調達リードタイムが長くなるに従い，発注時期と発注対象期間が大きくずれることになる．例えば，図5.3 (b) の例では，調達リードタイムは発注間隔より長くなった結果，発注時期と発注対象期間が，発注間隔1期間以上ずれている．この結果，調達リードタイム L 期間だけ需要量の予測対象期間もずらして予測値 $\widehat{D}_{t:t+L+1}$ を求める必要がある．また，その対象期間までに，以前に発注した量 $O_t, \cdots, O_{t+1-L}$ が納入されることと，その量に対応する需要量を現時点で予測し直した予測値 $\widehat{D}_{t:t+1}, \cdots, \widehat{D}_{t:t+L}$ との差を調整することも必要になる．結果として，発注間隔よりも長い調達リードタイム L が必要な場合，発注量は次のように求められる．

$$O_{t+1} = \widehat{D}_{t:t+L+1} + \sum_{l=1}^{L} (\widehat{D}_{t:t+l} - O_{t-L+l}) - I_t + S$$

先にも述べたように，定期発注方式は，重要な品目に対して，発注の手間はかけても，在庫削減を図りたい場合に適用される．定期的発注として契約することで，経済的調達が可能な場合などにも適用される．例えば，一般家庭への新聞や牛乳の配達，コンビニへの日用品の配送などは定期発注方式と言える．前者の例では，毎日一定量を発注しており EDLP（Every Day Low Price）の例と言える．また後者は，毎日，あるいはある期間 R ごとに決められた水準 S になるように調達する定期補充方式［(R, S) 方式］の例と言える．

5.2 MRP（Material Requirements Planning）

MRP とは，資材所要量計画と訳されていることからもわかるように，製品を構成する部品や原材料など資材の所要量と時期を計画する生産管理手法である[15)]．資材に限らず，製品そのものの生産量や生産時期の計画も含まれており，製品そのもの，及び製品を構成する構成品や部品，原材料，全ての生産量や生産時期の計画が対象となる．その後，MRP は，生産能力計画も加えた製造資源計画（Manufacturing Resource Planning）（MRP と同じ略称となることから，MRP Ⅱと略されている．），さらには，会計や人事なども含めた企業資源計画（ERP：Enterprise Resource Planning）として発展しているが，基本となる MRP の機能はそのまま活用されている．

MRPは，製品の生産計画と部品の調達や生産計画を連携させることで効率化を図るための手法である．5.1節では，部品などを在庫として保持した上で，後続工程の生産や消費などの需要に応じて調達補充しておくことで生産の効率化を図っていた．発注の方式で一定量にまとめる定量発注方式と，需要の見込みに応じて定期的に補充する定期発注方式を説明した．定期発注方式では，後続工程の生産計画と連動することで効率化が可能となる．さらに部品の生産も同一組織において連携して計画するならば，さらなる効率化が可能となる．

(1)　部品構成と独立需要品目，従属需要品目

現在の生産管理で対象とする製品は，少なくとも数点から多い場合には数万点にもなる部品で構成されており，製品を生産するには，生産活動に合わせて必要な部品を調達，あるいは生産して用意する必要がある．さらに，製品の生産拠点が複数の場合には，必要な部品の調達と同時に生産拠点間の連携した生産活動が必要となり，そのための生産計画が求められる．

図5.4には簡単な部品構成の製品とその生産拠点の例を示す．

図5.4 (a) に示した部品構成例においては，製品Aの生産に対して，必要となる中間品や部品a，部品bの生産あるいは調達が必要となる．また，図5.4 (b) では，一つの生産拠点において部品aと部品bから製品Aを生産している．一方，図5.4 (c) では，部品aと部品bから中間品を生産する生産拠点と，中間品と部品bから

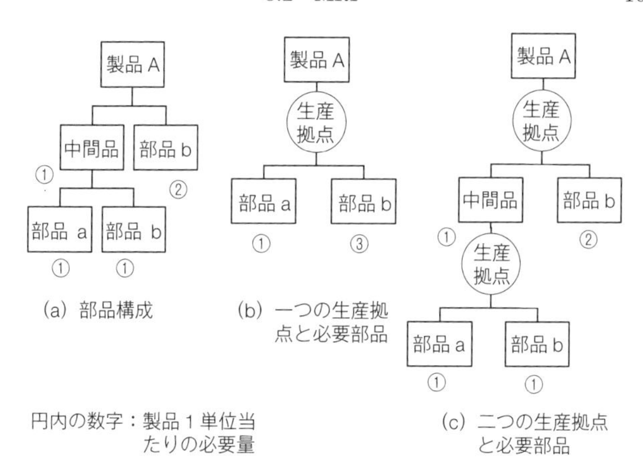

図 5.4 部品構成と生産拠点の例

製品を生産する生産拠点の二つから構成されている．なお，部品構成では，親子関係になぞらえて，部品を必要とする製品，部品のことを親製品，親部品，それらに使用される中間品や部品のことは子部品と呼ばれる．

MRP では，部品構成における品目を独立需要品目と従属需要品目に分けた上で，それぞれの品目の生産を計画する．独立需要品目は，受注や予測に基づいて，その必要量や必要時期を計画する品目であり，最終製品やサービスパーツなどが対象となる．一方，従属需要品目は，その品目に対する需要（必要量や必要時期）が独立需要品目又は親品目の需要から計画される品目である．

図 5.4 の部品構成の例では，製品 A が独立需要品目であり，中間品や部品 a，部品 b が従属需要品目である．したがって，独立需要品目である製品 A については，予測や予定される需要をもとに

して生産計画する必要がある．一方，従属需要品目である中間品や部品a，部品bについては，製品の生産計画に応じて生産や調達を計画することから生産拠点間の連携を図る必要がある．

図5.4 (b) に示したように，生産拠点が一つの場合には，製品需要から製品Aの生産計画を立案し，その生産計画に従って部品aと部品bを調達する必要がある．さらに，図5.4 (c) に示したように，生産拠点が二つになると，製品を生産する生産拠点では，製品需要から製品Aの生産計画を立案すると同時に，その生産計画に従って部品bや中間品を調達する．その上で，中間品の生産拠点では，製品の生産拠点の生産計画に従って中間品の生産計画を立案し，その生産計画に合わせて部品aと部品bを調達することにより，生産拠点間の連携を図る必要がある．

(2)　独立需要品目に対する生産計画

製品を構成する品目のうち，製品そのもののように顧客から直接需要のある品目については，需要やその予測に基づいて生産計画を立案する．なお，MRPでは，この独立需要品目に対する生産計画のことを基準生産計画（MPS：Master Production Schedule）と呼んでいる．表5.2には，t期末時点における製品生産計画のための入力情報と計画手順を示す．t期末までの情報に加え，次期（t+1）以降の需要予測値$\hat{D}_{t:t+1}$, …, $\hat{D}_{t:t+L+1}$, 指示済みで納入予定の量O_{t-L+1}, …, O_tが与えられる．なお，MRPでは，期のことをタイムバケット，計画する期間全体をタイムホライズンと呼んでいる．

次期（t+1）の生産計画量（表5.2③）を計画するには，まず，

表 5.2 t 期末時点における製品生産計画の入力情報と計画手順

期	t	$t+1$	$t+2$	…	$t+L$	$t+L+1$
需　要　量	D_t	$\hat{D}_{t:t+1}$	$\hat{D}_{t:t+2}$	…	$\hat{D}_{t:t+L}$	$\hat{D}_{t:t+L+1}$
納　入　量	O_{t-L}	O_{t-L+1}	O_{t-L+2}	…	O_t	②
期末在庫量	I_t	①				
生産計画量	O_t	③	④			

需要予測値と納入予定量及び現在の期末在庫量 I_t の入力情報（表中の記号で示された情報）から，次期以降の期末在庫量を計算する（表 5.2 ①）．その際には，以下に示すように，期末在庫量が前期の期末在庫量に納入量を加え，需要量を差し引くことにより求められる関係式を使って，将来の期末在庫量 I_{t+1} を順次計算する．

$$I_{t+1} = I_t + O_{t-L+1} - \hat{D}_{t,t+1}$$

$$\begin{aligned} I_{t+2} &= I_{t+1} + O_{t-L+2} - \hat{D}_{t,t+2} \\ &= I_t + O_{t-L+1} + O_{t-L+2} - \hat{D}_{t,t+1} - \hat{D}_{t,t+2} \end{aligned}$$

同様にして，$(t+L)$ 期末在庫量 I_{t+L} まで計算すると，

$$\begin{aligned} I_{t+L} &= I_{t+L-1} + O_t - \hat{D}_{t,t+L} \\ &= I_{t+L-2} + O_{t-1} + O_t - \hat{D}_{t,t+L-1} - \hat{D}_{t,t+L} \\ &\vdots \\ &= I_t + \sum_{l=1}^{L} (O_{t-L+l} - \hat{D}_{t:t+l}) \end{aligned}$$

いま，$(t+L+1)$ 期末在庫量を安全在庫量と一致するために必要な $(t+L+1)$ 期の納入量を正味所要量 N_{t+L+1} とすると，その量

は，次のように計算できる（表5.2②）．

$$
\begin{aligned}
I_{t+L+1} &= I_{t+L} + N_{t+L+1} - \widehat{D}_{t,t+L+1} \\
&= I_t + \sum_{l=1}^{L} (O_{t-L+l} - \widehat{D}_{t:t+l}) + N_{t+L+1} - \widehat{D}_{t,t+L+1} \\
&= S
\end{aligned}
$$

上の式を正味所要量 N_{t+L+1} について整理すると，

$$
N_{t+L+1} = \widehat{D}_{t:t+L+1} + \sum_{l=1}^{L} (\widehat{D}_{t:t+l} - O_{t-L+l}) - I_t + S
$$

得られた正味所要量 N_{t+L+1} が（$t+L+1$）期に納入され，（$t+L+1$）期末在庫量に加えられるためには，生産リードタイム L 期だけさかのぼった（$t+1$）期に生産指示される必要があり，得られた正味所要量 N_{t+L+1} は（$t+1$）期の生産計画量 O_{t+1} として指示される（表5.2③，このことをMRPではタイムフェージングと呼んでいる．）．すなわち，

$$
O_{t+1} = N_{t+L+1} = \widehat{D}_{t:t+L+1} + \sum_{l=1}^{L} (\widehat{D}_{t:t+l} - O_{t-L+l}) - I_t + S
$$

さらに，以上と同様の計算により，子部品の所要量計算に必要なだけ将来の生産計画量を計算する（表5.2④）．

なお，得られた上の式は，5.1節で述べた定期発注方式における発注量の式と同一であることがわかり，MRPにおける基準生産計画による生産計画量は，基本的には定期発注方式による発注量と同一であることが理解できる．また，MRPでは，得られた正味所要量をそのまま生産計画量とするだけでなく，ある量にまとめて指示するためのロットサイジングも検討されている．ロット生産方式で

述べた経済的ロットサイズ方式（EOQ）や，そのEOQから得られる経済的間隔で定期的にまとめて指示する定期指示方式（Period Order Quantity）など提案されている．その中でも上で示したように正味所要量をそのまま生産計画量とする方式は，ロットフォーロット方式（Lot for Lot）と呼ばれている．

(3)　従属需要品目に対する生産計画

従属需要品目についても，基本的には独立需要品目について示した手順で計画する．違いは，独立需要品目の生産計画で使用されていた需要量の代わりに，親となる製品や部品の生産計画量から計算される総所要量（MRPでは，この量のことをGR：Gross Requirementsと呼んでいる．）を使用する点である．

表5.3には，t期末時点における部品jの生産計画の入力情報と計画手順を示す．

表5.3　t期末時点における部品jの生産計画の入力情報と計画手順

<table>
<tr><th>期</th><th>t</th><th>$t+1$</th><th>$t+2$</th><th>…</th><th>$t+L_j$</th><th>$t+L_j+1$</th></tr>
<tr><td>総所要量</td><td>$R_t^{(j)}$</td><td colspan="5">①</td></tr>
<tr><td>納入量</td><td>$O_{t-L_j}^{(j)}$</td><td>$O_{t-L_j+1}^{(j)}$</td><td>$O_{t-L_j+2}^{(j)}$</td><td>…</td><td>$O_t^{(j)}$</td><td rowspan="2">③</td></tr>
<tr><td>期末在庫量</td><td>$I_t^{(j)}$</td><td colspan="4">②</td></tr>
<tr><td>生産計画量</td><td>$O_t^{(j)}$</td><td>④</td><td colspan="4">⑤</td></tr>
</table>

ここで問題とする部品jについて，次期（$t+1$）の生産計画量（表5.3④）を計画するには，まず，親となる全ての製品や部品（i

$\in I_j$, I_j：部品 j の親部品集合）の生産計画量 $O^{(i)}_{t+l}$ と，その親 i 単位当たりに対する部品 j の必要量 $r_{i,j}$ の積和から総所要量 $R^{(j)}_{t+l}$ を次のように求める（表5.3①）．

$$R^{(j)}_{t+l} = \sum_{i \in I_j} r_{i,j} O^{(i)}_{t+l}$$

例えば，図5.4に示した部品構成における部品bは，製品Aと中間品に必要とされるため，それぞれに必要な単位数2，1と生産計画量の積和から総所要量が求められる．

求めた総所要量と当該部品 j の納入予定量及び現在の期末在庫量 $I^{(j)}_t$ から，独立需要品目に対する計算と同様に，次期以降の期末在庫量 $I^{(j)}_{t+l}$ を計算する(表5.3②)．

$$I^{(j)}_{t+l} = I^{(j)}_t + \sum_{l'=1}^{l} (O^{(j)}_{t-L_j+l'} - R^{(j)}_{t+l'})$$

次に，$(t+L_j+1)$ 期末在庫量を安全在庫量と一致するために必要な正味所要量 $N^{(j)}_{t+L_j+1}$ について，独立需要品目に対する計算と同様に，次のように計算する（表5.3③）．

$$\begin{aligned} I^{(j)}_{t+L_j+1} &= I^{(j)}_{t+L_j} + N^{(j)}_{t+L_j+1} - R^{(j)}_{t+L_j+1} \\ &= I^{(j)}_t + \sum_{l'=1}^{L_j} (O^{(j)}_{t-L_j+l'} - R^{(j)}_{t+l'}) + N^{(j)}_{t+L_j+1} - R^{(j)}_{t+L_j+1} = S^{(j)} \end{aligned}$$

上の式を正味所要量 $N^{(j)}_{t+L_j+1}$ について整理すると，

$$N^{(j)}_{t+L_j+1} = R^{(j)}_{t+L_j+1} + \sum_{l'=1}^{L_j} (R^{(j)}_{t+l'} - O^{(j)}_{t-L_j+l'}) - I^{(j)}_t + S^{(j)}$$

得られた正味所要量 $N^{(j)}_{t+L_j+1}$ は，生産リードタイム L_j 期間だけさかのぼった $(t+1)$ 期の生産計画量 $O^{(j)}_{t+1}$ として指示される（表5.3

④）．すなわち，

$$O_{t+1}^{(j)} = R_{t+L_j+1}^{(j)} + \sum_{l'=1}^{L_j} (R_{t+l'}^{(j)} - O_{t-L_j+l'}^{(j)}) - I_t^{(j)} + S^{(j)}$$

同様の計算により，子部品への所要量展開に必要なだけ将来の生産計画量を計算する（表 5.2 ⑤）．さらには，上記の手順により全ての部品について生産計画量を計算すると，製品の生産に必要な全ての従属需要品目の生産計画が立案される．その際，従属需要品目についても，独立需要品目に対する基準生産計画と同様に，得られた正味所要量をそのまま生産計画量とするだけでなく，いずれかのロットサイジング方式により，まとめた量を指示することも考えられている．

5.3　かんばん方式

（1）自働化とジャストインタイム生産

トヨタ自動車で開発されたトヨタ生産方式は，国内外の企業のみならず，数多くの研究者にとって注目されてきた生産管理方式である．その方式は，自働化とジャストインタイム生産が二つの中心的考え方となっている[16)]．

そのうちの自働化は，自動機械のように自ら動くだけでなく，自ら成果につながる働きをし，成果につながらないときには停止することを意味している．生産の自動化だけでは，不良品であっても生産し続けてしまうことも考えられる．良品が生産されるならば続行するが，不良品が生産される場合には停止させる考え方を自働化と定義している．自働化実現のために，不良品生産を防ぐフールプルーフ，不良品生産の可能性がある際に停止して，支援者を呼ぶ“あんどん”などが考えられている．

一方のジャストインタイム生産は，“必要なときに必要なものを必要な量だけ生産する”ことを目指した考え方である．必要なものだけ生産するためには，無駄の削減が必要不可欠で，安定的生産を目指す平準化生産，段取時間を一桁の時間に削減するシングル段取，ロットサイズを極限の1個まで小さくする1個流し，後続工程が必要となったときに前工程から引き取って補充する後工程引取りなどが考えられている．そのうちの後工程引取りの手段がかんばん方式である．

(2)　ジャストインタイム生産を実現するかんばん方式

かんばん方式では，かんばんと呼ばれるカードを生産や運搬の指示に使用する．かんばんには，その使用目的が生産指示の場合，生産指示かんばんあるいは仕掛けかんばん，運搬指示の場合，引取りかんばん，外注先への外注指示の場合，外注かんばんなどがある．いずれのかんばんにも，品番や品名，前後の工程などの品目情報，コンテナに収容する量の情報及び補充するサイクルや時期などの情報が示されている．

図5.5にかんばん方式の動作手順を示す．かんばん方式では，生産工程や運搬工程における処理を終えた品目を，必要最低限在庫しておく．その在庫品それぞれ，あるいは在庫品が入ったコンテナそれぞれに，かんばんが添付されている（図5.5①）．後続工程で在

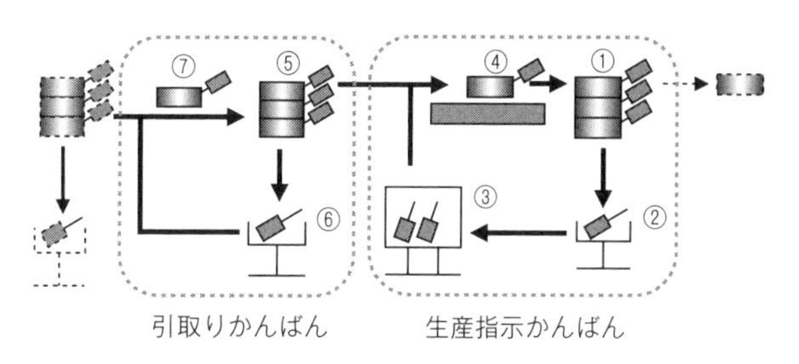

図 5.5 かんばん方式の動作

庫品を使用する際に，添付されたかんばんを外してかんばんポストに入れた後（図 5.5 ②），外れた順に指示用のかんばんラックにかけておく（図 5.5 ③）．かんばんラックにかけられた品目をかけられたかんばんが示す量だけ生産する（図 5.5 ④）．生産を終えた品目にかんばんを付けておく（図 5.5 ①）．以上の手続きを繰り返すことで，かんばんに基づいて生産が指示され，指示に基づいた生産が続けられる．

さらに，生産に必要な品目についても在庫され，在庫品それぞれ，あるいは在庫品が入ったコンテナそれぞれに，かんばんが添付されている（図 5.5 ⑤）．在庫品を使用して生産する際，在庫品に添付されているかんばんを外してかんばんポストに入れる（図 5.5 ⑥）．かんばんポストに入れられたかんばんが示す品目を，かんばんが示す量だけ，前工程から引き取って運搬し（図 5.5 ⑦），運搬を終えた品目にかんばんを付けて置いておく（図 5.5 ⑤）．以上の手続きを繰り返すことで，かんばんに基づいて運搬が指示され，指示に基づいた運搬が続けられる．

さらに，同様な手続きにより，製品に必要な全ての品目について，かんばんにより指示されて生産と運搬が実行される．

以上の動作は，実績に基づいた指示方式と言える．実際に後続工程で在庫した品目を生産に使用したり，引き取って運搬したりしない限り，かんばんは外れないし，生産や運搬が指示されない．また，その際に実際に生産や運搬で使用された量だけ指示されて生産や運搬が行われる．実績として生産や運搬が行われない限り，それらの指示が行われない，また，実際に使用された量だけ使用されたときに指示される，まさにジャストインタイム生産を実現する方式と言えることが理解できる．

(3) 引張り型生産指示方式としてのかんばん方式

かんばん方式は，図5.6に示す関係図で表され，後続工程が実際に使用した量を引き取ることを繰り返す方式ということから，引張り型生産指示方式と呼ばれる生産指示方式として定式化されている[17]．

まず，後続工程（$n+1$）において，生産（あるいは生産工程間で運搬も考えている場合には運搬）により在庫 $I_t^{(n)}$ が消費される

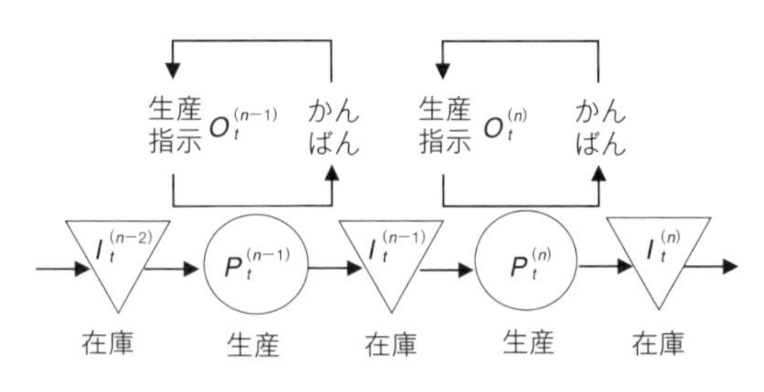

図5.6 かんばん方式における生産指示

と，その量 $P_t^{(n+1)}$ のかんばんが外される．その量が工程 n に対する次期（$t+1$）の生産指示にそのまま利用されると，生産指示量 $O_{t+1}^{(n)}$ は，次のように表される．

$$O_{t+1}^{(n)} = P_t^{(n+1)}$$

さらに生産指示された量がそのまま生産されると，生産量 $P_{t+1}^{(n)}$ は，

$$P_{t+1}^{(n)} = O_{t+1}^{(n)} = P_t^{(n+1)}$$

となり，後続工程の生産量が，前工程における次期の生産量となっていることがわかる．以下同様に，後続工程の生産量が1期ずつ遅れて工程をさかのぼる際の上流である前工程の生産量となって伝わっていくことがわかる．

(4) MRP とかんばん方式：押出し型と引張り型の生産指示方式

上で述べたように，生産や運搬により後工程に引き取られ（引っ張られ），実際に消費された量を指示するかんばん方式は，引張り型生産指示方式と呼ばれている．それに対して，5.2 節で述べた MRP は押出し型生産指示方式と呼ばれている[1)]．MRP では，独立需要品目である製品の需要を予測し，必要となる正味所要量を生産リードタイムだけさかのぼって生産する．従属需要品目においては，独立需要品目について求めた生産指示量をもとに，同様な計算手順により，将来必要となる正味所要量を生産リードタイムだけさかのぼって生産する．生産された量は，押し出されるように後続工程の生産に使用されることになる．このことから押出し型生産指示方式と呼ばれている．

MRPとかんばん方式を比較すると，それらの特徴は表5.4のようにまとめることができる．MRPの目的が計画的生産に対して，かんばん方式の目的は安定的生産と継続的改善にある点が，MRPとかんばん方式の最大の違いと言える．

計画的生産を目的とするMRPでは，一定期間ごとの期間計画を採用し，(独立需要品目の）予測需要をもとに計画を立案している．関係する計画手順が規定され，集中管理が可能となり，情報シ

表5.4　MRPとかんばん方式

生産指示方式	MRP (押出し型生産指示方式)	かんばん方式 (引張り型生産指示方式)
目的	計画的生産，最適計画	安定的生産，継続的改善
計画法	期間計画	期間計画，時点計画
計画情報	予測	実績
管理体制	集中型	分散型
変動要因	需要予測誤差，生産	需要量変動，生産
在庫目的	予測誤差，計画差異吸収	需要変動吸収， 継続的改善
特徴	情報システムが前提， 計画の自動化	大規模情報システム不要， 導入容易
留意点	予測精度向上，計画と実績の差異調整，計画期間の長さ，リードタイムなどの設定と更新	リードタイム短縮，生産平準化，生産変動の要因縮小・削減

ステムと計画自動化により計画立案の効率化が図られている．ただし，予測誤差や生産における計画と実績の差異や変動が避けられないと，在庫で吸収する必要があり，予測精度，計画と実績の差異調整，計画期間の長さやリードタイムなどの設定と更新に留意する必要がある．

一方，安定的生産，継続的改善を目的とするかんばん方式では，計画的生産を目的としていないことから需要の予測は不要となり，実績をもとにすることで予測誤差の影響を受けない生産指示となる．また，計画的でないことは，各生産拠点における分散管理が可能となり，大規模な情報システムが不要なことから導入は容易と言える．しかし，需要予測の影響は受けないものの，リードタイム期間中の需要量変動の影響を受けるため，リードタイムの短縮化，生産変動の抑制が求められる．そのための継続的改善，生産平準化による安定的生産に留意する必要がある．

5.4　生産拠点連携の課題と発展

(1)　ブルウィップ現象

MRP のように拠点間連携を計画的生産により実現しようとすると，避けられない予測誤差変動の影響により，生産拠点をさかのぼる際に変動が増幅して伝わる生産変動増幅現象，いわゆるブルウィップ現象が知られている．ブルウィップ現象は，他にも生産計画量をロットにまとめる，あるいは不測事態に備えた意思決定を考えることなどでも引き起こされる．拠点の連携を考える際に，このようなブルウィップ現象はサプライチェーン全体のストレス増大，ひいては効率性低下につながることから，極力抑制することが求められる．

(2)　リードタイムの短縮

MRPでは計画期間を設定し，各計画期間に対する生産量を計画する．生産拠点をさかのぼった上流拠点の計画をする際には，それぞれの拠点や拠点間のリードタイムだけ時間をさかのぼった計画を立てる．一般に予測対象が遠い将来となるに従って予測は不確実になり，予測誤差変動は大きくなる．予測誤差変動の影響を抑えるためには，リードタイムの短縮が求められる．一方，かんばん方式では，MRPのように需要予測に基づいた計画的生産を目的としていないものの，リードタイム中の需要変動や生産変動の影響を受けることになる．そのため，かんばん方式においても，MRP同様，リードタイムの短縮が求められる．

(3)　生産順序に応じた調達

生産拠点連携の効率化には，生産順序に応じた調達が求められる．期間ごとに変動する必要量に対して，期間中の必要量をまとめた調達では調達された原材料や部品が長いものでは期間の終わりまで在庫されることになり，生産と調達が同期化されたとしても，効率化に限界がある．調達の計画期間短縮化による計画頻度向上と同時に，計画期間内の生産順序に応じた調達が求められる．

(4)　全体最適，災害などの供給途絶への対応

MRP，かんばん方式，いずれも生産拠点の連携を図る生産指示方式であるものの，生産拠点そのものをどこに設置するか，どの生産拠点をどのように活用し，効率化につなげるかといった連携方法については，問題にされていない．生産拠点の構成による全体最適，あるいは，最近特に問題となっている災害などによる供給途絶への対応については，生産拠点の連携における課題と言える．

第6章 多様性と効率性を共に高める生産方式とその計画管理

これまでは多様性と効率性のいずれかを重視，あるいは両者の均衡を図る生産方式について述べてきた．厳しい企業間競争，さらには国際競争の中，両者のいずれかを重視，あるいは均衡を図るだけでなく，多様性と効率性を共に高める生産方式が求められている．多様性により，幅広い顧客の要求を満たすと同時に，効率性も高めることでより高い顧客価値を提供することが求められている．あるいは，効率性により，多数の顧客からの要求に応えると同時に，多様性も高めることでそれぞれの顧客の要求の違いに応えることが求められている．

ここではそのように，多様性と効率性を共に高めることを意図した生産方式とそのための計画管理について述べる．

6.1 フレキシブル生産方式

(1) フレキシブル生産方式とは

フレキシブル生産方式（FMS：Flexible Manufacturing System）は，図6.1に示すように，“合理化された，柔軟性又は多様性のある加工システムで，少なくとも次の機能

(a) 自動化された加工システム

(b) 加工システムと有機的に結合した自動搬送システム

(c) (a)及び(b)を統合的に制御する装置と総合ソフトウェアを具備したシステム”と定義されている[18].

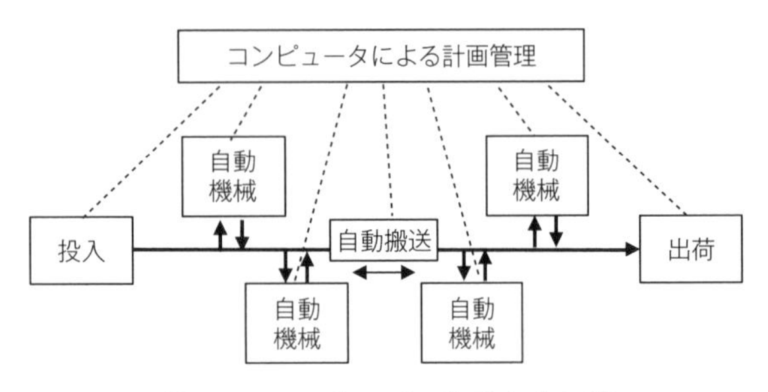

図 6.1 フレキシブル生産方式の例

FMSは，多様性を重視した個別生産方式に対して，自動機械や自動搬送装置，全体を制御する情報システムの導入により，多様性と同時に効率性も高めるように発展した生産方式と言える．個別生産方式では，顧客要求の多様性に対応するため，幅広い顧客要求に対応できる汎用設備を用意していた．しかし，そのような汎用設備では，幅広い顧客要求に対応できる反面，効率性が十分でないことが課題として挙げられた．そのような課題に対して，加工システム，すなわち工作機械が自動化され，その制御がコンピュータにより数値制御可能となることで，より高度な仕様の加工が可能となるばかりでなく，幅広い仕様の違いを高精度で実現可能となっている．さらに，無人配送車（AGV：Automatic Guided Vehicle）や天井走行式無人搬送車（OHT：Overhead Hoist Transfer）など，個々の加工システムを有機的に結合する搬送システムが自動化されることにより，適切な加工システムに適宜搬送可能となり，多様性と同時に効率性も高めることが実現されている．

多様化に対応する工作機械や搬送装置の自動化，コンピュータ制御が進んだ上で，更にシステム全体を自動化，コンピュータ制御する生産方式に発展し，1970 年代頃に，FMS と呼ばれる生産方式に発展した．その発展過程は，まず，加工システムに数値制御が付加された後，加工物を着脱するための自動パレット交換装置や，自動工具交換装置が付け加えられた．続いて，数値制御機械にコンピュータを組み込んだコンピュータ数値制御（CNC：Computerized Numerical Control）機械に発展し，生産管理用のコンピュータから直接工作機械を管理できる直接数値制御（DNC：Direct Numerical Control）機械に発展した．その上で，加工システムが自動搬送システムにより結合された統合システムとなって，初期の FMS に発展した．さらには，工具の自動搬送装置や，潤滑油などの配送回収装置も加わって，現代の FMS に発展している．

(2) 柔軟性（Flexibility）のタイプ

FMS の名前にある柔軟性は，変化や変動に対する対応能力を測る指標である．生産管理ではいろいろな変化や変動に対応が求められることから，問題にする変化や変動によって次のような柔軟性のタイプに整理されている．

(a) 機械の柔軟性（Machine Flexibility） どの程度，異種類の部品加工が可能かを表す柔軟性である．より多くの種類の部品加工が 1 台の機械において可能になると，より多くの加工を同一機械で処理可能となり，別の機械に搬送するロスや，その結果生じる待ち時間や在庫などの削減につながり，効率性増大が期待できる．

(b)　処理の柔軟性（Process Flexibility）　同一部品を，どの程度，異なる材料や，異なる手順によって処理可能かを表す柔軟性である．異なる材料や異なる手順で処理可能になると，材料や手順の制約が緩和され，処理効率化しやすくなる．

(c)　新製品移行の柔軟性（Product Flexibility）　どの程度，新製品に移行しやすいかを表す柔軟性である．一般に，新製品移行の際には，生産設備改変や設定変更などのため，生産システムにおける通常の生産を停止する必要がある．この移行期間の短縮により，新製品移行時における生産効率低下の削減，結果として効率性増大が期待できる．

(d)　代替手順の柔軟性（Routing Flexibility）　機械故障などに対する代替手順の柔軟性である．生産システム内の機械故障が避けられない場合，代替手順により生産停止が回避できれば，機械故障による生産効率低下を回避，あるいは削減が可能であり，効率性増大が期待できる．

(e)　量の柔軟性（Volume Flexibility）　生産量変動に対して，どの程度対応できるかを表す柔軟性である．需要変動により，生産量が変動する際，その変動に耐えられれば効率的生産の維持が期待でき，その限度が大きいほど効率的生産が維持しやすくなる．

(f)　拡張の柔軟性（Expansion Flexibility）　能力変更に対する柔軟性である．設置した生産システムを需要の状況に応じて拡張する際，可能ならば，既に設置された生産システムを活かした拡張が望まれる．それにより能力変更しやすくなり，生産設備の効率性増大が期待できる．

他にも，作業指示変更の柔軟性（Operation Flexibility），異種類材料が搬送可能かどうかの柔軟性（Material Flexibility），生産システムがどれだけ長期間稼働が可能かを示す柔軟性（Program Flexibility），市場変化の柔軟性（Market Flexibility），生産可能な品種の柔軟性（Production Flexibility）などもある．

いずれの柔軟性を備えているかによらず，FMS では，生産管理において問題にする必要のある変動要因に対して対応能力を高めていることがわかり，これにより多様性のみならず効率性も高められることがわかる．

(3)　FMS に対する計画管理の問題と解法

FMS に対する計画管理の問題は，表 6.1 に示すように，3 階層それぞれ二つずつ，合計で六つの問題に分けて検討されている．

FMS 計画問題における第 1 階層である戦略計画では，FMS の構成を計画する．FMS は，柔軟性を高めることで多様性と同時に効率性を高めることを目的としている．しかし，柔軟性に伴って支払う投資やコストは，効率性や経済性を阻害する可能性がある．戦略計画では，代替案の中から経済的な FMS の構成を計画する．

FMS 計画問題の第 1 階層で決定された FMS 構成の下，需要に応じた生産計画は，第 2 階層の方策計画及び第 3 階層の実行計画において立案される．第2階層の方策計画では，生産可能な生産機械が複数ある中，各機械にバランスよく負荷配分する生産量と負荷を計画する．第3階層の実行計画では，第2階層で計画された生産量や負荷の下，生産順序や生産時期を決定する．

いずれの問題も数理計画問題として定式化され，厳密解法や発見的解法などが検討されている．FMSが個別生産方式をもとに柔軟性を高めるように発展した生産システムであることから，計画の自

表6.1 FMSに対する計画管理の問題

階層	問　題	内　　容
戦略計画	スクリーニング (Screening)	各種代替案の経済性評価により，FMSの構成について検討し，候補となる代替案を絞り込む．
	選　定 (Selection)	候補の代替案から，経済的，技術的な検討，また条件や入力のパラメータ，決定変数の影響を踏まえて，最も効率的な代替案を選定する．
方策計画	生産量計画 (Batching)	処理品目とその関連項目（納期，パレット，固定具）を考慮し，パレットや固定具の制約下で納期を満たす生産量を計画する．
	負荷計画 (Loading)	与えられた生産品目の詳細生産計画として処理機械や使用工具を計画する．
実行計画	生産指示計画 (Releasing)	生産品目の情報及び生産工程状況の情報から，システムへ投入する品目を計画する．
	生産順序計画 (Dispatching)	生産品目の代替ワークセンター（WC）から処理WC，生産品目を待機させるバッファ，機械故障への対応を計画する．

由度が高まり，同じ階層の計画問題でも目的関数や制約により異なる問題として検討されている．結果として最適計画を求めることも難しくなっている．また，生産機械の処理時間に含まれる工具交換時間や，搬送装置の移動における自動搬送装置間干渉の問題など不確実要素が計画に含まれることも，問題の定式化や解法を難しくしている．結果として，FMS 計画問題は，投入規則評価などによる発見的解法，遺伝的アルゴリズムなどによる近似解法などが研究され，応用されている．

6.2　セル生産方式

(1)　セル生産方式とは

セル生産方式（Cellular Manufacturing System）は，グループテクノロジーの考え方に基づき，多種類の製品をその形状，寸法，素材，工程などの類似性に基づいて分類した製品グループに対して，それぞれのグループ専用に使用する機械グループを構成して処理する生産方式である[19]．このとき，それぞれの機械グループがセルと呼ばれる．セルでは，割り当てられた製品グループを専用に処理する．逆に言えば，各製品は，いずれかの機械グループで自己完結した処理を受けることになる．多様性を重視した個別生産方式に対して，機械グループであるセルを用意し，専用の処理により効率性の向上を意図している．

図 6.2 には従来の個別生産方式に対して，機械グループであるセル（図 6.2 中の太線四角）に分けて，製品を自己完結処理するセル

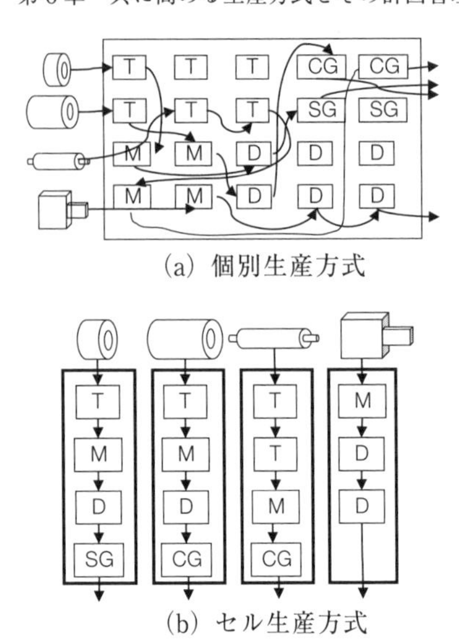

(a) 個別生産方式

(b) セル生産方式

図 6.2　個別生産方式とセル生産方式の例
(英文字：機械の種類，□：セル)

生産方式の例を示している．

セル生産方式は，個別生産方式に対して効率性を高めることを目的に考えられた生産方式であるが，ロット生産方式やライン生産方式に対する応用も考えられる．段取替えにより異なる製品が生産可能であるロット生産方式において，生産システムを同一製品や類似製品を生産するセルに分割すると，段取替え不要，あるいは段取時間削減につながり，効率性向上が期待できる．また，ライン生産方式では，効率性を重視して作業編成し，作業者に単純化した作業を割り当てしているが，効率性のみならず多様性も考慮して，作業者をセルとしてより多くの多様な作業を割り当てる作業編成も考えられている［後述 (3)(c) 日本流のセル生産方式参照］．

セル生産方式には，次のような利点がある[19]．

① 原材料搬送の削減：生産システムを小さなセルに分割し，それぞれのセルで自己完結処理されると，原材料の機械間搬送が削減される．

② 段取替えの削減：生産システムを小さなセルに分割し，それぞれのセルにおいて割り当てられた類似製品のみを処理すると，製品全体を処理する際の段取替えと比較して削減される．

③ スループット時間の削減：各製品は，処理に必要な機械のみから構成されるセルにおいて処理されることになる．その結果として，各製品が小さなセルにおいて処理されることから，生産システムに投入して全ての処理を終えて完成するまでのスループット時間が削減される．

④ 工程間在庫の削減：処理に必要な機械により構成されたセルでは，処理される製品の工程間搬送と同時に在庫期間も削減され，結果として在庫量が削減される．

⑤ 必要スペースの削減：セル内において円滑に処理され，工程間在庫が削減されると，必要スペースが削減される．

他にも機械設備費の削減，作業者満足度向上，品質向上なども利点として挙げられている[19]．しかし，それらは必ず得られる利点とまでは言えない．

(2)　セル構成問題と解法

セル生産方式の性能は，セル構成，すなわち，生産システムをどのようなセルに分けて，それぞれのセルにどの製品を割り当てるかに依存する．図 6.3 には，セル構成の例を示す．図 6.3 では，機械 5 台から二つのセル，(A,D) と (B,C,E) を構成し，それぞれに類似した機械を必要とする製品 (1, 3) と (2, 4, 5) を割り当てている．その結果，各セルでは，割り当てられた製品のみ専用のように処理できることとなり，効率的な処理が可能になる．ただし，この例では，製品 5 については，割り当てられたセルだけでは処理できないオペレーションを含むことも示している．セル構成においては，このようなセル外オペレーションを少なくすることが望まれる．

機械	製品				
	1	2	3	4	5
A	X		X		X
B		X		X	X
C		X		X	X
D	X		X		
E		X		X	X

⇨ セル構成

機械	製品				
	1	3	2	4	5
A	X	X			(X)
D	X	X			
B			X	X	X
C			X	X	X
E			X	X	X

図 6.3　セル構成（□：セル，○：セル外オペレーション）

従来，セル構成問題に対して，厳密解法，近似解法など各種の解法が提案されている．その中で，以下に類似度を使った発見的解法を紹介する．

［**類似度を使ったセル構成問題の発見的解法**］

1)　各機械の組 (m, n) に対して，類似度 S_{mn} を計算する．

$$\mathrm{S}_{mn} = \frac{a}{a+b+c}$$

ここに，　a：m, n 両方の機械を必要とする製品数

b, c：それぞれ機械 m, n のみ必要とする製品数

2）　求めた類似度行列から最大値を示す機械の組（m, n）を一つのグループにまとめる．

3）　そのグループ t と他の機械（あるいはグループ）v との類似度は，含まれる機械の最大類似度を使用する．

$$S_{tv} = \max_{m \in t, n \in v} S_{mn}$$

4）　上の手順を全ての機械がグルーピングされるまで繰り返し，得られたグループをそれぞれセルとする．

(3)　セル生産方式における変動対応

セル生産方式では，変動への対応が問題となる．個別製品の需要変動に，生産システム全体として対応できても，生産システムを小さなグループに分けたセルでは，可能な選択肢が限られることから対応が難しくなる．そのような背景からセル生産方式では，変動に対する対応策が検討されている．以下ではそのうちの幾つか紹介する．

(a)　動的セル　新製品追加や需要変動に応じて，セル構成を動的に変更する．このことにより，新製品追加や需要変動といった多様性に対応すると同時に，その際の効率性向上が図られる．需要変動に対して機械の増減，再配置などのセル再構成費とセル運用費からなる総費用を評価する動的セルの計画問題と解法が検討されている．

(b)　ロバストセル　想定される需要変動に対して変動を吸収で

きるセルを構成して対応する．動的セルにおけるセル再構成は，機械の増減や再配置などの費用や手間を必要とする．それらが運用費よりも問題となる場合には，構成したセルにおいて変動を吸収するロバストセルが優位となる．需要変動に対して構成したセルで運用費を最小化するロバストセルの計画問題と解法が提案されている．

(c)　**日本流のセル生産方式**　多くの作業者により分担するライン生産方式を一人あるいはごく少数の作業者により生産するように変更した生産方式である[20]．一人あるいはごく少数の作業者により自己完結している点は，通常のセル生産方式と同様である．しかし，本来のセル生産方式が個別生産方式から効率性も高めるように発展させていることから考えると，発想は大きく異なる．日本流のセル生産方式では，少ない作業者が作業することで，作業者間や工程間の搬送が削減可能となり，効率性を重視しているライン生産方式の効率性を更に高めることが期待されている．また，需要変動に対して，多くの作業者で分担するライン生産方式よりも少人数のセル生産方式のほうが変更しやすいと評価されている．

6.3　バケツリレー型生産方式

(1)　バケツリレー型生産方式とは

バケツリレー型生産方式とは，火災の際に1列に並んだ人が，水の入ったバケツを順々に手渡して火元まで送るバケツリレーのように生産する方式である．この方式では，ライン上に並んだ作業者がそれぞれ作業しながら，最後の作業者が作業を終えたら上流に戻り，上流の作業者から引き継いだ作業を続ける．作業を受け渡した上流の作業者は，更に上流の作業者まで戻り，作業を受け継ぎ生産する．

図 6.4 にバケツリレー型生産方式の例を，ライン生産方式と対比して示している．

ライン生産方式では，原材料から製品を生産する作業を分担する作業者（あるいは生産機械）を生産ラインの上流から下流に順に配置している．その上で，最初の作業者から最後の作業者までそれぞれに割り当てられた作業域において，割り当てられた作業を行い，次の作業者に引き継ぎ，また作業域の開始位置に戻って次の作業を開始することを繰り返す．その際，作業者に割り当てられた作業の完了が早いと，作業開始位置に戻っても，処理されて上流から送ら

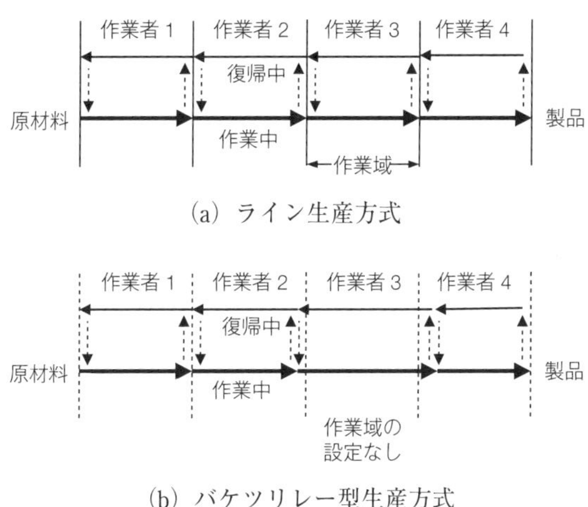

図 6.4　ライン生産方式とバケツリレー型生産方式の例

れて来る次の作業が届いていないことになる．その場合には，次の作業が届くまで作業開始位置で待つことになる．作業を待つことになるからといって，決められた作業域を越えて先の作業を継続したり，次の作業を受け継ぐことはしない．逆に作業者の作業完了が遅くなった場合でも，下流の作業者は，作業域の開始位置で待つことはあっても，作業域を越えて上流の作業者のところまで来ることもしない．このようにライン生産方式では，あらかじめ決められた作業を決められた作業域で処理する．結果として，ライン生産方式において割り当てられた作業のアンバランスや生産時間の変動があると，効率性は低下する．

一方のバケツリレー型生産方式では，作業者の並びは決められているものの，各作業者に作業の割り当てや作業域を設定しない．早く作業が進んだ場合では，そのまま次の作業者に引き継ぐまで作業を継続する．また，引き継いだ後，上流に戻る場合，上流の作業が遅れていれば，そのまま上流の作業者のところまで戻って，その時点から以降の作業を引き継ぎ，作業を継続する．

したがって，バケツリレー型生産方式では，ライン生産方式のような，作業割り当てのアンバランスや作業速度の変動による作業待ちは生じない．アンバランスや変動という多様性に対して，待ちをなくした効率的な処理が可能となる．また，アンバランスや変動があっても自律的にバランスがとられることから，自己バランスラインとも呼ばれている[21), 22)]．

バケツリレー型生産方式は，組立ラインをはじめ，トヨタ生産方式をアパレルメーカなどに応用したトヨタ縫製ライン（Toyota

Sewing System)，あるいは注文の商品を棚から取り出すオーダーピッキングラインなどで応用されている．ファストフードレストランのSUBWAYにも応用されている．

(2) バケツリレー型生産方式における計画問題

バケツリレー型生産方式では，作業者の並びと初期位置を計画するだけで，各作業者に対する作業の割り当てを計画する必要はない．

各作業者の作業速度は一定であるものの，作業者により作業速度が異なる場合，生産ラインの下流側に遅い作業者がいると，上流側の作業者が下流側の作業者に追いついて作業速度が制限されるブロッキングの状態が発生する．そのようなブロッキングが発生しない並びに作業者を配置する場合には，作業速度に比例して作業者が作業を行い，そのときの生産率（単位時間当たりの生産量）p は最大となり，以下の式で表される．

$$p = \sum_{i} v_i$$

ここに，v_i：作業者 i の作業速度（作業全体を 1 としたときの単位時間当たりに処理できる作業量）

生産ラインの上流から作業速度の遅い順に作業者を配置した場合には，必ず下流の作業者の作業速度が速くなることから，ブロッキングは発生しない．結果として，このとき上で示した最大の生産率を達成できる．またこのときには，各作業者が最初に作業を開始する初期位置も関係しない．

生産ラインの上流から作業速度の遅い順に作業者を配置する並び以外でも，初期位置との関係ではブロッキングを起こさない場合があり，そのときにも最大生産率を達成できることが明らかとされている[22]．また，このときには，各作業者に作業割り当てしなくても作業速度に比例した割り当て作業の繰返しが実現できる．

(3) バケツリレー型生産方式における変動対応

バケツリレー型生産方式は，効率性を重視するライン生産方式に対して，各作業者に対する作業割り当てを固定するのではなく，次の作業者に引き継ぐまで作業を継続するという，極めて単純な規則により，多様性による状況変化に応じた生産を可能としている．どのような状況変化に対応可能か，その際どのような対応が必要か，以下ではそのうちの幾つかについて紹介する．

(a) 多品種混合生産ライン 多品種を混合して投入するライン生産方式では，ラインバランシングにより各作業者に割り当てる作業を極力均等に割り当てしているが，製品により生産時間が異なると，作業者は待ち時間や遊休時間が生じ，効率性が低下することになる．しかし，そのような場合においても，バケツリレー型生産方式では，次の作業者に引き継ぐまで作業を継続するという規則から，遊休や待ちの現象は生じない．結果として，多品種に対応する多様性と効率性を共に高めることが可能となる．

(b) 作業速度変動 一般に疲労や習熟などから，作業者の作業速度は変動する．そのような作業速度変動がある場合にも，ライン生産方式では，待ちや遊休による効率性の低下が発生する．一方，バケツリレー型生産方式では，次の作業者に引き継ぐまで作業を継続するという規則にしたことから，作業速度変動がある場合でも遊休や待ちの現象は生じない．結果として，作業者の多様性により生じる作業速度変動に対して効率性を高めることが可能となる．

（c）　**平均需要量の変動**　動的な状況では，さらには不確実性が高まった状況では，需要量が変動するだけでなく，平均需要量も変動する状況が想定される．ライン生産方式の場合，多少の平均需要量の変動には，残業や休日出勤などによる生産能力の調整や生産ラインのコンベヤスピードの変更により吸収するが，より大きな変動には，作業者の人数，あるいは生産工程数を変更することで対応する．その際，作業者や生産工程に対する割り当て作業の変更を伴うが，バケツリレー型生産方式では，作業者の人数を変更するだけで，作業割り当ては自律的に決定される．それも遅い作業者が早い作業者を制限するブロッキングを避けるような並びにするだけで，最大生産率も達成できる．結果として，多様性の結果生じる平均需要量の変動に対して効率性を高めることが可能となる．

6.4　その他の生産方式・生産管理

多様性と同時に効率性も高める生産方式・生産管理として，他にも挙げられる．ここでは，そのうち二つを紹介する．

（1）　モジュール生産方式

モジュール生産方式とは，限られた数のモジュールに分けて製品を生産すると同時に，各モジュールの組合せにより，多種類の製品を生産する方式である[23]．限られたモジュールの生産により効率性を高めながら，多様性のある多種類の製品を生産することを意図している．あらかじめ生産し在庫していたモジュールを使って，顧客からの多様な注文の製品を生産（Build）や組立（Assemble），カスタマイズ（Custom，あるいは Configure）することから，BTO（Build-to-Order），ATO（Assemble-to-Order），CTO（Custom-to-Order, あるいは Configure-to-Order）などとも呼ばれている．また，モジュールまでは需要予測による見込生産（MTS：Make-to-Stock）と，製品は顧客の注文に応じた受注生産（MTO：Make-to-Order）を組み合わせていることから，MTS/MTO ハイブリッド生産方式と呼ばれることもある．このモジュール生産方式は，パソコン，自動車，建設機械，住宅などの生産に応用されている．

図 6.5 にモジュール生産方式の概念図を示す．図に示すように，モジュール生産方式では，製品を構成する部品の幾つかをモジュールに構成し，見込みで生産しておいたモジュールを使用して製品を受注生産する．

モジュール生産方式を採用している企業では，モジュールと呼ばれる製品の構成品幾つかについて，それぞれ複数種類（オプションとも呼ばれる.）を見込みで生産して在庫しておく．顧客からの注文に応じて，注文に対応するモジュールを使用した組立てにより製品を生産して出荷する．どの構成品をモジュールとし，それぞれ何種類のモジュールを用意しておくかにより，モジュールをあらかじ

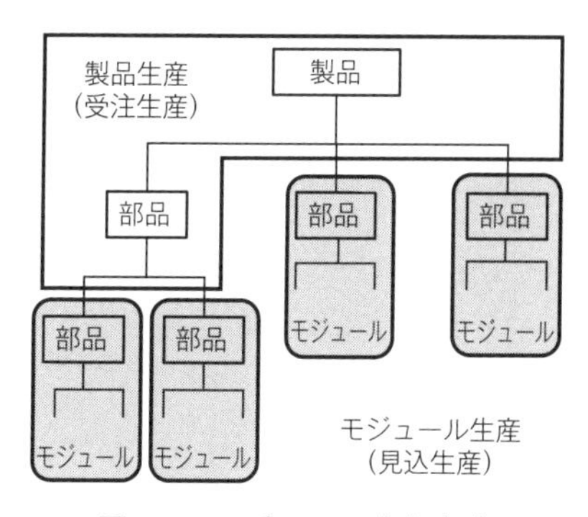

図 6.5　モジュール生産方式

め生産・在庫しておく効率性が影響を受ける．数少ないモジュール数とモジュールの組合せにより数多くの種類の製品を生産し，多様な顧客からの注文に応えることで，多様性と効率性を共に高めることが可能となる．また，顧客注文を受けて部品から生産するのではなく，モジュールの組合せで製品を生産するため，納品までのリードタイムを短くする効果もある．

モジュール生産方式における計画問題は，モジュール構成問題とモジュール生産方式の生産計画問題がある．モジュール構成問題では，多様な顧客要求に対して，いかに少ない数と種類のモジュールにより，モジュール生産の効率性を高めるかが課題となる．また，モジュール以降の生産工程を極力，共通化することにより，多様な顧客注文に対する効率性の向上も課題となる．一方，モジュール生産方式の生産計画問題では，モジュールの見込生産（MTS）とモジュールを使った製品の受注生産（MTO）を組み合わせたハイブリッド生産の計画問題が課題となる．

(2)　再構成可能生産システム

再構成可能生産システム（RMS：Reconfigurable Manufacturing System）は，顧客の要求変化に対して生産システムの構成と生産能力を迅速に変化させるために，あらかじめハードウェア，ソフトウェアそれぞれの構成を瞬時に変更可能に用意された生産システムである[24)]．

RMSは，求められる多様性と効率性が変化すると，その変化に応じて生産システムの構成も含めた変更により対応するための動的機能を備えた生産システムである．第2章で述べた個別生産方式に対して6.1節で述べたFMSでは，多様な顧客の要求に応えるため，それも効率的に対応できるように自動化を図った生産方式である．一方，第4章で述べたライン生産方式は，専用設備を用意することで，多様性はある程度犠牲にしても，効率性を重視した生産を実現している．RMSでは，FMSなどが指向している多様性を重視すべき状況から，ライン生産方式が指向している効率性を重視すべき状況に変化，あるいはその逆の変化が起こっても，迅速かつ効率的に対応するための機能を備えている．

RMSでは，新製品の導入期から成熟期まで多様性と効率性を共に高めた生産が可能となる．市場に新製品が導入された場合は，多様で少ない需要の製品に対応する必要がある．しかし，市場が成長するにつれて，限られた製品に大量の需要が集中するようになる．結果として，そのような製品の生産活動には，顧客が求める製品の生産能力拡張と同時に効率的生産が求められる．RMSでは，そのような生産システム構成の変更を必要とする市場導入期から成長期，成熟期への変化にも迅速に対応可能としている．多様性を重視する際には個別生産方式，効率性が重視される際にはロット生産方式やライン生産方式と，状況に応じて動的に使い分けることにより，多様性と効率性を共に高める生産システムがRMSと言える．

RMSに対する生産計画問題は，想定される状況変化に応じたRMS導入効果評価の問題及び状況変化に応じてRMSをどのような構成に変化するか計画する問題が課題となり，研究が進められている．

(3) 生産順序を考慮した生産拠点連携方式

多種類の製品を生産する際の生産拠点連携では，生産順序を考慮することにより，さらなる効率化が期待できる．多品種を生産する際には，生産順序に応じた原材料や部品の供給により，サプライヤや別の生産拠点との効率的連携が求められる．中でも部品点数の多い製品を大量生産するライン生産方式において，生産順序も考慮して生産拠点を連携することは，効率的生産に重要な要素となる．例えば，自動車の部品の中でも大きな部品であるエンジン，インパネやシート，ドアなどについて，生産順序に応じて供給することで，供給後のピッキングや並べ替えの作業が削減できる．また，ラインサイドに保管する部品在庫も削減できる．さらには，各生産工程で使用する部品を集めたキットにより供給すれば，ラインサイドの在庫も不要となる．

そのような生産順序を考慮した生産拠点連携方式は，自動車メーカでは，計画順序生産[25), 26), 27)]，あるいは，整流化，同期生産，順序納入，順序遵守方式[28]などと呼ばれて活用されている．生産順序に応じた生産拠点連携の実施には，計画された生産順序を変更しないことが必要不可欠になる．そのために，導入実施している自動車メーカでは，設備，品質，生産の不確実要因や変動要因の排除などの課題解決を図り，大きな効果を挙げている．中でも計画順序生産では，生産拠点ばかりでなく顧客需要との連携も図り，確定需要から求めた計画順序により各生産拠点や部品サプライヤと連携を図ることで，SC全体の連携を図っている．その結果，リードタイムの削減による高効率と高フレキシビリティ生産の実現，さらには財務体質や製造体質の強化，顧客満足度向上につなげたことが紹介されている．

生産拠点の連携方式として紹介したMRPやかんばん方式においても生産順序を考慮した生産拠点連携が可能になる．また，それにより，生産順序と生産拠点連携が統合され，効率的連携となることが期待される．MRPのバケットサイズを小さくすること，あるいはかんばん方式のかんばん1枚の示す品目数を小さくして外れるたびに指示することにより，生産順序を反映した指示が可能となる．さらに，その指示に応じた供給により，生産順序を考慮した生産拠点連携が可能となる．ただし，MRPにおいて単にバケットサイズを小さくしていくと，需要変動に過敏な計画となることが懸念される．また，かんばん方式においてかんばんを品目一つずつに添付し，それぞれが外れた順序で指示する運用は，煩雑な管理となることが想像される．生産拠点連携方式としてのMRPやかんばん方式と生産順序計画との統合は課題と言える．

第7章 おわりに――進展するICTの活用により期待される生産管理のさらなる発展

現代におけるICTの進展は，ますます加速しており，生産や生産管理においてもいろいろと活用されている．40年以上前，コンピュータ支援設計（CAD：Computer-Aided Design）やコンピュータ支援製造（CAM：Computer-Aided Manufacturing）が開発された頃，コンピュータ統合製造（CIM：Computer Integrated Manufacturing）が提唱され，MRPやその発展の基本的考え方となっている．さらに最近では，人工知能（AI），IoT（Internet of Things），CPS（Cyber Physical System），Industry 4.0，Smart Factoryなど，進展するICTの手法やツールとそれらを活用した生産の仕組みの革新が模索されている．ここでは，そのような進展するICTの活用により，前章まで述べてきた生産管理をどのように発展させることが期待されるかについて述べる．

7.1 動的計画管理

顧客要求の多様性に応えるには，それも効率性も同時に高めるには，顧客要求の不確実性や動的変化に対応することと，生産システム内で起こる各種の不確実性や動的変化に対応する効率性が求められる．ここでは，ICTの進展により生産管理の機動的で効果的な計画管理とするために期待される不確実性や動的変化の検知や予測，動的制御機能の向上について述べる．

(1)　需要予測への期待

動的計画管理には，予測が重要である．顧客からの需要を予測することが，生産活動の計画管理に必要不可欠となる．ロット生産方式やライン生産方式は，需要予測に基づく見込生産を前提とすることから，需要の見込みが必要になる，さらには，生産活動に必要な原材料や部品を前もって手配する必要から，在庫管理の発注において，またMRPでは独立需要品目の生産計画において需要予測が必要である．個別生産方式の場合は，顧客からの受注が到着してから生産活動を開始する受注生産ではあるが，そのための生産資源の準備はあらかじめ見込みで行う必要があり，そのような生産資源準備のために需要予測が必要である．需要予測は，FMS，セル生産方式，バケツリレー型生産方式，いずれにおいても必要ないとは言えない．

生産管理において重要な予測であるにもかかわらず，これまであまり大きな進展は見られなかった．計算能力，利用可能なデータの関係から，時系列解析それもシンプルな予測法を中心に活用されてきた．需要変動要素を不規則変動，傾向変動，周期変動に分け，移動平均，指数平滑，回帰分析，季節指数，自己回帰過程など，いずれも過去の時系列データから予測する方法が中心であった．このことからも，予測性能に限界があり，予測は当たらないもの，誤差があって当たり前，信用はできないと評価され，重要視されなかったと言える．

しかし，最近のAI，特に機械学習，さらにはディープラーニングなどにより予測手法が発展している．過去のデータから予測するにしても，大量のデータを学習し，類似のパターンから予測する，あるいは，予測対象の過去データだけでなく，類似製品や，製品需要に影響を与える説明変数のデータを予測に使用することで，予測性能向上が図られている．

予測性能向上による需要予測の機能拡充により，現象，あるいは変動が発生してからのリアクティブな対応から，より長期的なプロアクティブな計画に発展し，計画管理の選択肢拡充が期待できる．例えば，個別生産方式では，より有利な受注選択，ロット生産方式では，変動に応じた動的ロットサイズ変更，ライン生産方式では動的ライン編成などの応用が期待される．

(2) 生産実績把握への期待

予測は将来の変化をあらかじめ測ることであるが，現在起こっている実績と，それから今後起こり得ることを推測することは，生産実績把握とその生産活動の計画管理に必要不可欠である．

自動機械の生産実績は，製造実行システム（MES：Manufacturing Execution System）などにより把握され，計画管理に活用されてきた．

最近，機械学習などを活用した機械や工具の異常や故障診断の技術が進展している．故障発生後の事後保全から，予防保全，さらには予知保全へと進化している．また，IoTの活用により，生産現場の各種データを収集し，その可視化により，生産現場における実績把握の機能が拡充されてきている．

生産実績把握の機能拡充により，次のような動的計画管理の発展が期待される．まず，生産機械の異常や故障をあらかじめ予測することにより，それに応じた個別生産方式やFMSのスケジューリングにおいて，代替機械や代替ルートの検討などスケジュールの見直しに活用が期待できる．また，生産現場の可視化については，セル生産方式におけるセル構成変更，ライン生産方式における生産順序の変更，ライン編成見直しなどにおける効率評価と計画への反映が期待される．

(3)　動的管理への期待

計画管理においては，予測と実績把握が必要と同時にそれらにおける予測誤差や計画と実績の差異に対する管理，それも動的な対応方法の見直しも含む動的管理が必要となる．そのような動的対応は，個別生産方式における時点計画法では，需要の到着時点における計画において，一方，期間計画法では，一定期間ごとに到着した注文の計画時点で行われている．しかし，到着した注文の変更による受注選択における選択基準の見直しまでは検討されていない．またスケジューリングにおけるスケジュールの見直しについて，先のスケジュールとの関係を考慮した見直しなど十分とは言えない．ロット生産方式のロットサイズの計画やライン生産方式のラインバランシングについては，需要に応じた計画はあるものの，動的対応は十分とは言えない．

需要予測と生産実績把握に関する機能拡充と同時に，それらから得られた予測や生産実績データに基づいた動的管理の発展が期待される．特に，個別生産方式やFMSにおける動的スケジューリング，ロット生産方式やセル生産方式における動的ロットサイズ決定や動的セル構成，ライン生産方式における投入順序変更，動的ライン編成などの発展が期待される．MRPの発展形であるMRP Ⅱでは，予測機能の拡充により，需要予測に基づく生産能力計画の拡充，あるいはかんばん方式では，かんばん枚数の動的調整機能を付加する拡張が期待される．

7.2　統合的計画管理

多様性と効率性を高める上で，計画や管理の対象そのものを統合的に計画管理することは，必要不可欠である．顧客に提供する製品やサービスが複雑化すると同時に多様化する中，生産の効率性を高めるため，生産システムは複数の生産工程や生産拠点，それも同一地域同一国から地球規模に展開するようになっている．そのような複雑でグローバルな生産システムに対して，個別の最適化では限界がある．全体最適を図るための統合的計画管理には次のような発展が望まれる．

(1)　MRPとかんばん方式への期待

第5章では，効率的生産を支える生産拠点連携の計画管理としてMRPとかんばん方式について紹介した．MRPでは，製品を構成する品目を独立需要品目と従属需要品目に分けて，前者については実際の需要や需要予測から生産計画を立案し，後者については前者の計画を展開することで計画を立案していた．このことにより，自動車など数多くの部品から構成される製品とその部品の効率的生産計画立案を可能としていた．

ただし，統合的管理という観点から見るとMRPには未だ課題がある．独立需要品目と従属需要品目に分け，独立需要品目の上位レベルを計画してから順にレベルごとに計算する考え方はそのままであり，生産計画の全体最適は図られていない．この点について，ICTの発展と計算能力の向上により，全体最適に近づけることが期待される．また，MRPの計算が，一定期間ごとの期間計画である点についても維持されており，計画期間中の生産量を計画するだけでなく，計画期間内の生産順序付けやスケジューリングとの統合が期待される．その際，全ての品目について生産順序を考慮して計画管理することは，計算負荷の観点から現実的とは言えない．

一方のかんばん方式は，実績に基づいた生産指示方式，また，見える化による改善課題発見に応用されてきた．さらに，現物としてカードを使用する通常のかんばんだけでなく，電子的に指示を行う電子かんばんも応用され，実績として使用された順序に従ってリアルタイムに指示情報を伝えることが実践されている．また，かんばん枚数の増減機能の追加などの発展も研究され[29]，生産順序や需要変動に応じた生産拠点の機動的連携を図る計画管理が進められている．ただし，電子かんばんにより指示のリードタイムは短縮化できても，納入リードタイムは必要となる．また，動的に管理しても各品目の種類数が増えるに従い，在庫の増大は避けられない．種類数の多い品目も含めた全品目に対して拠点間在庫を用意し，かんばん方式を適用し，生産順序を考慮した生産拠点連携を実現することは現実的とは言えない．

生産順序を考慮した生産拠点連携の統合的計画管理には，製品を構成する原材料や部品の種類数や需要の平均や変動に応じて，MRPとかんばん方式を使い分けた統合的計画管理の方式が期待される．

(2)　APS (Advanced Planning and Scheduling) への期待

MRPが基本的に期間計画を目的としており，期間内の生産順序やスケジュールを計画するスケジューリング機能が含まれていないことに対して，生産計画とスケジューリングを一括して計画するAPSが開発されている[30)]．顧客からの受注に応じて必要部品の手配計画と生産資源を使った生産スケジュールが計画される．ただし，APSは主として各注文を個別に受注生産している個別生産方式を対象としている．そのため，基本的に量産品を対象にしたMRPの代替としてAPSを考えることは難しいが，MRPを補完することで，統合的計画管理に近づけることが期待される．また，APSには実績として到着する顧客からの注文に対応する機能，注文の変更に対応する機能は備わっているが，予測や将来を計画する機能は十分とは言えない．そのような予測や計画機能の拡充により，最適計画に近づけることも期待される．

(3) SCMへの期待

生産拠点間の供給連鎖（SC）に関係する生産拠点の構成と構成された生産拠点を連携させる生産と物流の計画について，一括して取り扱う考え方としてSCMがある．

かんばん方式やMRPでも生産拠点間の連携について対象としているが，それらは主に部品の調達，生産や物流の発注や指示を問題としていた．一方，SCMでは，どの拠点を使用するか，どこに拠点を設けるか，あるいは拠点が使えない場合の対応なども問題としている．

SCMの課題には，生産拠点ばかりでなく，在庫点の設置も含まれる．生産活動全体を，顧客からの注文に対して直接対応する活動部分と，あらかじめ顧客からの注文を見越して準備する活動部分を分離するためのデカップリング在庫（CODP：Customer Order Decoupling Point）を最適箇所に設定する問題も，生産活動の全体最適実現のために重要な課題と言える．その際には，製品まであらかじめ生産して顧客注文に対応するMTSから，顧客から注文が到着してから生産するMTO，あるいはその生産活動の途中にCODPを設置するBTOやATOなどのいずれにすべきかの問題が含まれている．

また，災害などによる供給途絶や供給混乱の問題もSCMの課題として考えられている．SCが地球規模で展開していること，また，地球温暖化などによる災害の頻発から，災害に強い生産活動を支えるSCが求められている．また，災害に限らず，長く延びた地球規模のSCには，各種の不確実要素や変動要因が含まれることになる．それら全てに対して確実で変動しないSCが構築可能か，全体最適として評価できるかが問題となる．構築可能でない，評価できないとしたらどのようなSCとする必要があるのかについての検討が重要となっている．その際には，リスクマネジメントの考え方や手法を活用し，災害など想定されるリスクの特定，発生確率や影響度による評価，及び評価結果に応じた対策の立案により，リスクに強いSCとすることが期待される．

生産活動を構成するSC全体の活動を最適化するSCMには，ICTの進展により大きな期待がかけられている．

まず，SC構成と計画管理の統合が期待される．製品を構成する各部品の計画管理において，MRPは全体最適まで至っていない．SCMにおいて，MRPなどの計画管理と統合し，SC構成と生産活動の計画管理の全体最適に近づけることが期待される．

また，SCにおいて考慮すべき各種の変動要因に応じた対応が期待される．現在，災害など想定される重大な供給途絶や供給混乱の一部要因に対して，シナリオを定義してそれぞれのシナリオに対するSC構成の計画や変更について検討されている．地球規模に展開しているSCには，各種の変動要因が考えられる．それらの変動要因の変化と想定される影響を情報収集分析する機能と，動的な変化を踏まえた計画管理の動的機能を含めることが期待される．

7.3　継続的改善

継続的改善は，日本の生産活動の代名詞とも言える．TQM（Total Quality Management）や TPM（Total Productive Maintenance）においてQCサークルを始めとする小集団活動が挙げられている．また，トヨタ生産方式においても基盤に小集団活動を挙げている．これらは，全社的に継続的改善を展開する重要性を示している．

これまで本書では，顧客からの需要や生産情報などから，生産活動を進める上での生産方式，生産活動の計画と管理の考え方や方法について紹介してきた．その際，生産活動で生じる品質不具合や生産性低下，納期遅延などの問題に関して，継続的に進める改善活動は必要不可欠と言えるが，それだけで十分な分量となることから本書の対象からは外した．そのかわりに，本書の締めくくりに，今後も生産管理を発展する上で必要不可欠である継続的改善に対する期待を述べることとしたい．

(1) 問題発見に関する期待

小集団活動などにおいて改善活動を進める際，まず始めに問題発見が行われる．現物の確認，管理指標の評価，可視化した状態データなどから，改善に取り組むべき問題発見がまず初めに必要となる．5.3節では，トヨタ生産方式における自働化実現のために，フールプルーフやあんどんが開発応用されていることを紹介した．自働化は問題や異常を発見し，対応する機能まで現場第一線の作業者に持たせることが目的にある．他にも標準作業を設定し，それらからの乖離による問題特定も行われている．また，かんばん方式について，生産拠点間を連携するための生産指示の方式として紹介した．かんばん方式は，生産指示が目的であると同時に，問題発見ツールとしても利用されている．かんばんが外れないまま在庫されている部品などの仕掛品は，在庫過剰のサインとみなせる．そのようなサインに対して，かんばんの削減により仕掛品在庫を削減する改善活動につなげる．

逆に過小の在庫に対して，生産時間の平均はばらつきを削減する改善活動にもつなげる．トヨタ生産方式ばかりでなく，制約条件の理論（TOC：Theory of Constraints）[31]では，生産工程のボトルネックが制約となることから，ボトルネックをもとに生産活動やその改善活動を進める方法が提唱されている．

また，TPM では，生産活動における各種のロスを 16 大ロスとして整理している[32]．設備の効率化疎外の 8 大ロス，人の効率化疎外の 5 大ロス，及び原単位の効率化疎外の 3 大ロス，合計 16 大ロスに分類して示すことにより，効率化疎外のロス発見を促している．

最近の IoT や AI の発展により，継続的改善を目的とした問題発見の進展への応用も期待できる．これまでの問題や異常，効率化疎外要因の特定の手法に加え，IoT によるデータ収集，稼働状態の監視，稼働率などの可視化，また，機械学習やディープラーニングによる標準作業の学習とそれからの乖離による異常事態の特定，ボトルネックとなっている工程の特定により，問題発見技術の拡充が期待される．

(2) 原因分析に関する期待

問題が発見されると原因分析による問題の原因を特定する必要がある．問題を絞り込んだ後，特性要因図やなぜなぜ分析などにより要因を挙げていくと同時にデータから結果に影響を与える要因を特定していく．IoTやデータの蓄積と処理の能力向上は，考えられる要因のみならず，少しでも関係が想定される，さらにはそれ以外のデータについても収集蓄積し，その中から意味ある情報を抽出することも可能になりつつある．要因系に関する多種類のデータ収集により，重要な管理項目データの変化を特定すると同時に，結果との因果関係分析までを迅速化，自動化することで，機動的な原因分析につなげることが期待される．さらには，これまでの特性要因図など原因分析手法とIoTなどを融合した，より効果的で機動的となる原因分析手法の開発も期待される．

(3) 対策立案と効果検証に関する期待

改善活動では，原因が特定された後，対策案を立案してその効果を検証した上で，適用する対策を決定し，実施する．そのために，インダストリアルエンジニアリング（IE：Industrial Engineering）では，レイアウト分析，工程分析，動作分析，稼働分析など各種の分析，また動作経済の原則やECRS（Eliminate, Combine, Rearrange, Simplify）の原則などが改善の原則として活用されてきた．TQMでも，系統図などによる対策案の立案や，実験計画法などによる実験の計画と結果の分析が行われてきた．また，対策の事前検証のシミュレーションに，仮想現実（VR：

Virtual Reality）や拡張現実（AR：Augmented Reality）なども活用されてきている．実験室，あるいは現場のいずれかで実施される実験やシミュレーションは，問題解決につながる改善活動に時間と労力がかかる要因となっている．CPS による Cyber 空間であるコンピュータ上の生産現場モデルによる実験と，Physical 空間である現場への適用の協調により，効果的で迅速な対策立案の効果検証が期待される．

引用・参考文献

1) 村松林太郎(1979)：生産管理の基礎，国元書房
2) 黒田充，三村優美子，藤野直明，天坂格郎，飯塚佳代，坂元克博，西岡靖之，竹田賢(2004)：サプライチェーン・マネジメント―企業間連携の理論と実際，朝倉書店
3) 圓川隆夫(2017)：現代オペレーションズ・マネジメント：IoT 時代の品質・生産性向上と顧客価値向上(シリーズ〈現在の品質管理〉5)，朝倉書店
4) 大場允晶，藤川裕晃編著(2009)：生産マネジメント概論 技術編，文眞堂
5) Huang, S., Lu, M., and Wan, G.(2011)：Integrated order selection and production scheduling under MTO strategy, *International Journal of Production Research*, Vol.49, No.13, pp.4085-4101
6) Piya, S., Khadem, M.M.R.K., and Shamsuzzoha, A.(2016)：Negotiation based decision support system for order acceptance, *Journal of Manufacturing Technology Management*, Vol.27, No.3, pp.443-468
7) 黒田充，村松健児編(2002)：生産スケジューリング(経営科学のニューフロンティア 11)，朝倉書店
8) 今泉淳(2000)：フローショップスケジューリング問題とその諸変形：モデルとその分類，東洋大学経営研究所論集，No. 23，pp.259-274
9) 樋野励(2017)：ジョブショップスケジューリング問題の数理表現，システム / 制御 / 情報，Vol. 61，No. 1，pp. 14-19
10) Magee, J.F. and Boodman, D.M.(1967)：*Production Planning and Control, Second Ed.*, McGraw-Hill
11) 黒田充(1984)：ラインバランシングとその応用，日刊工業新聞社
12) Becker, C. and Scholl, A. (2006)：A survey on problems and methods in generalized assembly line balancing, *European Journal of Operational Research*, Vol.168, No.3, pp.694-715
13) Helgeson, W.B. and Birnie, D.P.(1961)：Assembly line balancing using the ranked positional weighting technique, *Journal of Industrial Engineering*, Vol.12, pp.394-398
14) 徳山博于，曹徳弼，熊本和浩(2002)：生産マネジメント(経営システム工学ライブラリー 7)，朝倉書店

15) 黒田充，田部勉，圓川隆夫，中根甚一郎(1989)：生産管理(経営工学ライブラリー 7)，朝倉書店
16) ジャストインタイム生産システム研究会(2004)：ジャストインタイム生産システム，日刊工業新聞社
17) Kimura, O. and Terada, H.(1981)：Design and analysis of Pull System, a method of multi-stage production control, *International Journal of Production Research*, Vol.19, No. 3, pp.241-253
18) 伊東誼，岩田一明(1984)：フレキシブル生産システム，日刊工業新聞社
19) Sigh, N. and Rajamani, D.(1996)：*Cellular Manufacturing Systems：Design, planning and control*, Chapman & Hall
20) 岩室宏(2002)：セル生産システム，日刊工業新聞社
21) Bartholdi, Ⅲ, J.J. and Eisenstein D.D.(1996)：A production line that balances itself, *Operations Research*, Vol.44, No.1, pp.21-34
22) 広谷大助，森川克己，高橋勝彦(2005)：自己バランス機能を備えた生産ラインの解析，日本経営工学会論文誌，Vol.56, No.3, pp.155-163
23) 中根甚一郎編著(2000)：マスカスタマゼーションを実現する BTO 生産システム，日刊工業新聞社
24) Koren, Y.(2003)：Reconfigurable Manufacturing Systems, 計測と制御，Vol. 42, No.2, pp.572-582
25) 日経産業新聞，2003.7.29，日本経済新聞社
26) 渋下信明(2005)：計画順序生産，日本経営工学会中国四国支部研究論文発表会論文集，Vol.12, pp.45-49
27) 西雄大(2007)：混流生産方式に JIT 注入，本社も部品メーカーも在庫半減，日経情報ストラテジー，2007 年 11 月号，pp.198-201
28) 下川浩一，佐武弘章編(2011)：日産プロダクションウェイ：もう一つのものづくり革命，有斐閣
29) 高橋勝彦，中村信人(1997)：適応型かんばん方式に関する研究，日本経営工学会論文誌，Vol. 48, No.4, pp.159-165
30) 黒田充(2004)：APS の論理構造—MRP からの脱却—，オペレーションズ・リサーチ，Vol. 49, No.9, pp.563-568
31) Stein R.E.，川辺恭寛・竹之内隆・椎名茂・紅瀬雄太監訳，TOC 研究会訳(2000)：TOC ハンドブック—制約条件の理論—，日刊工業新聞社
32) 中嶋清一(1992)：生産革新のための新 TPM 入門，日本プラントメンテナンス協会

索　引

【す】

【せ，そ】

【た】

【ち】

【て】

【や，よ】

【ら】

【り，る，れ】

【ろ】

JSQC選書 32

生産管理
多様性と効率性に応える生産方式とその計画管理

定価：本体 1,600 円(税別)

2020 年 10 月 1 日　第 1 版第 1 刷発行

監 修 者　一般社団法人 日本品質管理学会
著　　者　髙橋 勝彦
発 行 者　揖斐 敏夫
発 行 所　一般財団法人 日本規格協会
〒108-0073 東京都港区三田 3-13-12 三田 MT ビル
https://www.jsa.or.jp/
振替 00160-2-195146

製　　作　日本規格協会ソリューションズ株式会社
製作協力・印刷　日本ハイコム株式会社

ISBN978-4-542-50490-5